土木工程测量

主　编　张爱卿　李金云

副主编　佟成玉　顾小舒

ZHEJIANG UNIVERSITY PRESS
浙江大学出版社

图书在版编目（CIP）数据

土木工程测量 / 张爱卿，李金云主编. 一杭州：
浙江大学出版社，2014.1（2019.1 重印）
　ISBN 978-7-308-12756-1

　Ⅰ.①土… Ⅱ.①张… ②李… Ⅲ.①土木工程－工
程测量－高等学校－教材　Ⅳ.①TU198

中国版本图书馆 CIP 数据核字（2014）第 002430 号

土木工程测量

主　　编　张爱卿　李金云

责任编辑　王　波
文字编辑　陈慧慧
封面设计　俞亚彤
出版发行　浙江大学出版社
　　　　　（杭州市天目山路 148 号　邮政编码 310007）
　　　　　（网址：http://www.zjupress.com）
排　　版　杭州中大图文设计有限公司
印　　刷　浙江省邮电印刷股份有限公司
开　　本　787mm×1092mm　1/16
印　　张　11.5
字　　数　271 千
版 印 次　2014 年 1 月第 1 版　2019 年 1 月第 3 次印刷
书　　号　ISBN 978-7-308-12756-1
定　　价　26.00 元

前　言

　　《土木工程测量》是面向高等院校的土木工程专业的教材。本书主要介绍土木工程测量的基本原理和方法，包括水准测量、角度测量、距离测量及测量误差的基础知识，大比例尺测量、地形图的应用及施工测量的基本工作。并围绕土木工程测量的基本概念与方法，结合当前就业前景，侧重介绍建筑工程测量和道路与桥梁工程测量，强调了典型工程案例分析。通过对本书的学习，使学生熟悉测量学的基本知识和基础理论，掌握测量的基本方法和手段，具备使用常用测量仪器的基本能力，培养应用地形图、进行工程放样的能力。

　　本书由北京科技大学天津学院教师张爱卿、李金云担任主编，北京科技大学天津学院教师佟成玉、顾小舒担任副主编。第1章、第7章和第8章由张爱卿负责编写，第2章（第9节）、第3章和第6章由李金云负责编写，第2章（第1节）、第4章和第5章由佟成玉负责编写，第2章（第2～8节）由顾小舒负责编写。全书由张爱卿负责统稿，北京科技大学刘胜富教授主审。同时感谢北京科技大学天津学院土木工程系、浙江大学出版社等对本书提供的大力支持和帮助，并对参编教材的作者等，致以衷心的感谢。

　　本书也可作为大中专院校土木工程专业以及测绘专业的通识教材，同时可供从事土木工程相关专业的生产技术人员参考。

　　由于土木工程测量理论处于不断更新发展时期，加之编者水平所限，编写时间仓促，教材中难免存在缺点和错误，敬请广大读者、专家、同行批评指正。

编　者

2013.11

目　录

第一章 绪 论

本章主要阐述测量学的概念分类、作用、测量坐标系,以及测量的主要工作、测量工作的组织原则等相关内容;介绍了三北方向与坐标正反算、误差及广义传播定律。

第一节 测量学的任务、作用

一、测量学的任务及其在经济建设的应用

1.测量学的概念及任务

(1)测量学的概念

测量学是研究获取反映地球形状、地球重力场、地球上自然和社会要素的位置、形状、空间关系、区域空间结构的数据的科学和技术。测量学主要包括测定和测设两方面的工作内容。

测定(测绘)是指使用测量仪器和工具,通过测量和计算,得到一系列测量数据,或把地球表面的地形缩绘成地形图,供经济建设、规划设计、科学研究和国防建设使用。

测设(放样)是指用一定的测量方法,按要求的精度,在地形图上将设计出的建筑和构筑物的位置在实地标定出来,作为施工的依据。

(2)测量学的任务

在工程建设过程中,工程项目一般分为规划与勘测设计、施工、营运管理三个阶段,测量工作贯穿于工程项目建设的全过程,根据不同的施测对象和阶段,测量学有以下几个任务。

1)测图

应用各种测绘仪器和工具,在地球表面局部区域内,测定地物(如房屋、道路、桥梁、河流、湖泊)和地貌(如平原、洼地、丘陵、山地)的特征点或棱角点的三维坐标,根据局部区域地图投影理论,将测量资料按比例绘制成图或制作成电子图。既能表示地物平面位置又能表现地貌变化的图称为地形图;仅能表示地物平面位置的图称为地物图。工程建设中,为了满足与工程建设有关的土地规划与管理、用地界定等的需要,需测绘各种平面图(如地籍图、宗地图);工程竣工后,为了便于工程验收和运营管理、维修,还需测绘竣工图;对于道路、管线和特殊建(构)筑物的设计,还需测绘带状地形图和沿某方向表示地面起伏变化的断面图等。

2)用图

用图是利用成图的基本原理,如构图方法、坐标系统、表达方式等,在图上进行量测,以获得所需要的资料(如地面点的三维坐标、两点间的距离、地块面积、地面坡度、断面形状),或将图上量测的数据反算成相应的实地测量数据,以解决设计和施工中的实际问题。例如利用有利的地形来选择建筑物的布局、形式、位置和尺寸,在地形图上进行方案比较、土方量估算、施工场地布置与平整等。

用图是成图的逆反过程。工程建设项目的规划设计方案,力求经济、合理、实用、美观。这就要求在规划设计中,充分利用地形、合理使用土地,正确处理建设项目与环境的关系,做到规划设计与自然美的结合,使建筑物与自然地形形成协调统一的整体。因而,用图贯穿于工程规划设计的全过程。同时在工程项目改(扩)建、施工阶段,运营管理阶段也需要用图。

3)放图

放图是根据设计图提供的数据,按照设计精度的要求,通过测量手段将建(构)筑物的特征点、线、面等标定到实地工作面上,为施工提供正确的位置,指导施工。放图又称施工测设,它是测图的逆反过程。施工放样贯穿于施工阶段的全过程。同时,在施工过程中,还需利用测量的手段监测建(构)筑物的三维坐标、构件与设备的安装定位等,以保证工程的施工质量。

2.测量学的分类

按照研究的范围、对象及技术手段不同,测量学又分为诸多学科。

大地测量学,是研究地球的大小、形状、重力场以及建立国家大地控制网的学科。现代大地测量学已进入以空间大地测量为主的领域,可提供高精度、高分辨率,适时、动态的定量空间信息,是研究地壳运动与形变、地球动力学、海平面变化、地质灾害预测等的重要手段之一。

普通测量学,是在不考虑地球曲率影响的情况下,研究地球自然表面局部区域的地形,确定地面点位的基础理论、基本技术方法与应用的学科。它是测量学的基础部分。其主要内容是将地表的地物、地貌及人工建(构)筑物等测绘成地形图,为各建设部门直接提供数据和资料。

摄影测量学,是利用摄影或遥感技术获取被测物体的影像或数字信息,进行分析、处理,以确定物体的形状、大小和空间位置,并判断其性质的学科。按获取影像的方式不同,摄影测量学又分水下、地面、航空摄影测量学和航天遥感等。随着空间、数字和全息影像技术的发展,它可方便地为人们提供数字图件、建立各种数据库、虚拟现实,已成为测量学的关键技术。

工程测量学,是研究各类工程在规划、勘测设计、施工、竣工验收和运营管理等各阶段的测量理论、技术和方法的学科。其主要内容包括控制测量、地形测量、施工测量、安装测量、竣工测量、变形观测、跟踪监测等。

地图制图学,是研究各种地图的制作理论、原理、工艺技术和应用的学科。其主要内容包括地图的编制、投影、整饰和印刷等。自动化、电子化、系统化已成为其主要发展方向。

海洋测量学,是以海洋和陆地水域为对象,研究港口、码头、航道、水下地形的测量以及海图绘制的理论、技术和方法的学科。

GPS卫星测量，又称全球导航定位系统，是通过地面上GPS卫星信号接收机，接收太空GPS卫星发射的导航信息，快捷地确定接收机天线中心的位置。

本课程主要研究普通测量学和工程测量学。

3.测量学在经济建设中的应用

测量学是国家经济建设的先行。随着科学技术的飞速发展，测量学在国家经济建设和发展的各个领域中发挥着越来越重要的作用。测量是直接为工程建设服务的，其服务和应用范围包括城建、地质、铁路、交通、房地产管理、水利电力、能源、航天和国防等各种工程建设部门，列举如下。

（1）城乡规划和发展。我国城乡面貌正在发生日新月异的变化，城市和村镇的建设与发展，迫切需要加强规划与指导，而搞好城乡建设规划，首先要有现势性好的地图，提供城市和村镇面貌的动态信息，以促进城乡建设的协调发展。

（2）资源勘察与开发。地球蕴藏着丰富的自然资源，有待人们去开发。勘探人员的野外工作离不开地图，从确定勘探地域到最后绘制地质图、地貌图、矿藏分布图等，都需要用测量技术手段。如重力测量可以直接用于资源勘探，工程师和科学家根据测量取得的重力场数据可以分析地下是否存在重要矿藏，如石油、天然气、各种金属等。

（3）交通运输、水利建设。铁路公路的建设从选线、勘测设计，到施工建设都离不开测量。大、中型水利工程也是先在地形图上选定河流渠道和水库的位置，划定流域面积、诸流量，再测得更详细的地图（或平面图）作为河渠布设、水库及坝址选择、库容计算和工程设计的依据。如三峡工程从选址、移民到设计大坝等，测量工作都发挥了重要作用。

（4）国土资源调查、土地利用和土壤改良。建设现代化的农业，首先要进行土地资源调查，摸清土地"家底"，而且还要充分认识各地区的具体条件，进而制定出切实可行的发展规划。测量为这些工作提供了一个有效的工具。地貌图，反映地表的各种形态特征、发育过程、发育程度等，对土地资源的开发利用具有重要的参考价值；土壤图，表示各类土壤及其在地表的分布特征，为土地资源评价和估算、土壤改良、农业区划提供科学依据。

第二节　地球的形状和大小

一、地球的形状和大小

1.地球的形状和大小

地球自然表面是很不规则的曲面，有高山、丘陵、平原、盆地、江海湖泊等。其中，最高处的珠穆朗玛峰高出海平面8844.43m，最低处的马里亚纳海沟低于海平面11022m，而地球平均半径约为6371km，故可忽略地表高低起伏，视其为球体。另外，地球表面海洋面积约占71%，陆地面积约占29%，因此，地球的总体形状可以看作是由海水包围着的球体。

由于地球的自转运动，地球表面的任一质点都要受到离心力和地球引力的双重作用，其合力称为重力，重力的方向线即为铅垂线（图1-1）。铅垂线是测量工作的基准线。

自由、静止的水面称为水准面。水准面是受地球表面重力场影响而形成的,是重力场的等位面,水准面处处与重力方向垂直。与水准面相切的平面称为水平面。水准面有无限多个,其中与平均海水面吻合并向大陆、岛屿延伸而形成的闭合曲面,称为大地水准面。大地水准面包围的地球形体,称为大地体。大地水准面是测量工作的基准面。

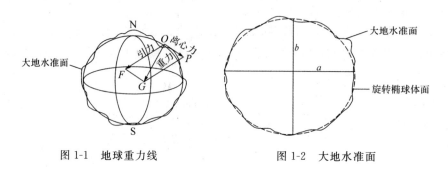

图 1-1　地球重力线　　　　　图 1-2　大地水准面

2. 地球椭球体、大地原点

严格来说,应用大地体来表示地球形状。但是由于地球内部质量分布不均匀,引起铅垂线的方向产生不规则的变化,致使大地水准面是一个非常复杂的曲面(如图 1-2 所示),无法进行数据处理。而大地体非常接近于一个两级扁平、赤道隆起的椭球,为便于计算,测量中选用一个大小和形状接近大地体的旋转椭球体作为地球的参考形状和大小,这个旋转椭球体称为参考椭球体。它是一个规则的曲面体(如图 1-3 所示),可以用数学公式表示为:

$$\frac{X^2}{a^2} + \frac{Y^2}{a^2} + \frac{Z^2}{b^2} = 1 \qquad\qquad (1\text{-}1)$$

式中:a——长轴半径;

b——短轴半径。

参考椭球体的扁率为 $\alpha = (a - b)/b$。

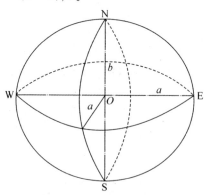

图 1-3　地球旋转椭球

几个世纪以来,许多学者分别测算出了许多椭球体参数值,表 1-1 列出了几个著名的椭球体几何参数。

表 1-1 地球椭球体几何参数

椭球名称	长半轴 a/m	短半轴 b/m	扁率 α	计算年代及国家	备注
贝塞尔	6377397	6356079	1：299.152	1841 德国	
海福特	6378388	6356912	1：297.000	1910 美国	1942 年国际第一个推荐值
克拉索夫斯基	6378245	6356863	1：298.300	1940 苏联	中国 1954 年北京坐标系采用
1975 国际椭球	6378140	6356755	1：298.257	1975 国际第三个推荐值	中国 1980 年国家大地坐标系采用
WGS-84	6378137	6356752	1：298.257	1979 国际第四个推荐值	美国 GPS 采用

由于参考椭球的扁率很小,当测区范围不大、测量精度要求不高时,可以近似地把地球看作球体,其半径采用地球半径平均值 6371 km。

第三节 地面点位的确定

一、地面点位的确定

确定地面点的位置是测量工作的基本前提,地面点是三维空间点,需要由三个量来确定。测量工作中,常用经度、纬度和高程表示地面点的空间位置,它们分别属于地理坐标系和指定的高程系统。

1. 地理坐标

当研究和测定整个地球的形状或进行大区域的测绘工作时,可用地理坐标来确定地面点的位置。地理坐标是一种球面坐标,依据球体的不同而分为天文坐标和大地坐标。

(1)天文坐标

以大地水准面为基准面,地面点沿铅垂线投影在该基准面上的位置,称为该点的天文坐标。该坐标用天文经度和天文纬度表示。如图 1-4 所示,将大地体看作地球,NS 即为地球的自转轴,N 为北极,S 为南极,O 为地球体中心。包含地面点 P 的铅垂线且平行于地球自转轴的平面称为 P 点的天文子午面。天文子午面与地球表面的交线称为天文子午线,也称经线。而将通过英国格林尼治天文台埃里中星仪的子午面称为起始子午面,相应的子午线称为起始子午线或零子午线,并作为经度计量的起点。过点 P 的天文子午面与起始子午面所夹的两面角称为 P 点的天文经度,用 λ 表示,其值为 $0°\sim180°$,在本初子午线以东的叫东经,以西的叫西经。

通过地球体中心 O 且垂直于地轴的平面称为赤道面,它是纬度计量的起始面。赤道面与地球表面的交线称为赤道。其他垂直于地轴的平面与地球表面的交线称为纬线。过点 P 的铅垂线与赤道面之间所夹的线面角就称为 P 点的天文纬度。用 φ 表示,其值为 $0°\sim90°$,在赤道以北的叫北纬,以南的叫南纬。

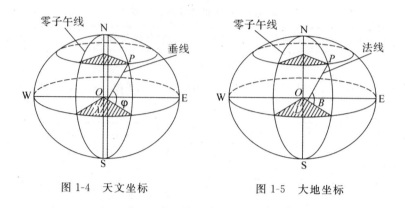

图 1-4　天文坐标　　　　　　　　图 1-5　大地坐标

（2）大地坐标

以参考椭球面为基准面，地面点沿椭球面的法线投影在该基准面上的位置，称为该点的大地坐标。该坐标用大地经度和大地纬度表示。如图 1-5 所示，包含地面点 P 的法线且通过椭球旋转轴的平面称为 P 的大地子午面。过 P 点的大地子午面与起始大地子午面所夹的两面角就称为 P 点的大地经度，用 L 表示，其值分为东经 $0°\sim180°$ 和西经 $0°\sim180°$。过点 P 的法线与椭球赤道面所夹的线面角就称为 P 点的大地纬度，用 B 表示，其值分为北纬 $0°\sim90°$ 和南纬 $0°\sim90°$。我国 1954 年北京坐标系和 1980 年国家大地坐标系就是分别依据克拉索夫斯基椭球和 1975 年国际大地测量与地球物理联合会（IUGG）推荐的地球椭球建立的大地坐标系。

（3）平面直角坐标

在实际测量工作中，若用以角度为度量单位的球面坐标来表示地面点的位置是不方便的，通常采用平面直角坐标。测量工作中所用的平面直角坐标与数学上的直角坐标基本相同，只是测量工作以 x 轴为纵轴，一般表示南北方向；以 y 轴为横轴，一般表示东西方向；象限为顺时针编号，直线的方向都是从纵轴北端按顺时针方向度量的。这样的规定，使数学中的三角公式在测量坐标系中完全适用。

1）独立测区的平面直角坐标

当测区的范围较小，能够忽略该区地球曲率的影响而将其当作平面看待时，可在此平面上建立独立的直角坐标系。一般选定子午线方向为纵轴，即 x 轴，原点设在测区的西南角，以避免坐标出现负值。测区内任一地面点用坐标 (x,y) 来表示，它们是独立的平面直角坐标系，与本地区统一坐标系没有必然的联系，如有必要可通过与国家坐标系联测而纳入统一坐标系。经过估算，在面积为 $300km^2$ 的多边形范围内，可以忽略地球曲率影响而建立独立的平面直角坐标系，当测量精度要求较低时，这个范围还可以扩大数倍。

2）高斯—克吕格平面直角坐标

当测区范围较大时，要建立平面坐标系，就不能忽略地球曲率的影响。为了解决球面与平面这对矛盾，必须采用地图投影的方法将球面上的大地坐标转换为平面直角坐标。目前我国采用的是高斯投影，高斯投影是由德国数学家、测量学家高斯提出的一种横轴等角切椭圆柱投影，该投影解决了将椭球面转换为平面的问题。从几何意义上看，就是假设一个椭圆柱横套在地球椭球体外并与椭球面上的某一条子午线相切,这条相切的子午线称为中央子午线。假想在椭球体中心放置一个光源,通过光线将椭球面上一定范围内的物像映射到椭圆柱的内表面上,然后将椭圆柱面沿一条母线剪开并展成平面,即获得投影后的平面图形,如图 1-6 所示。

该投影的经纬线图形有以下特点:

①投影后的中央子午线为直线,无长度变化。其余的经线投影为凹向中央子午线的对称曲线,长度较球面上的相应经线略长。

②赤道的投影也为一直线,并与中央子午线正交。其余的纬线投影为凸向赤道的对称曲线。

③经纬线投影后仍然保持相互垂直的关系,说明投影后的角度无变形。

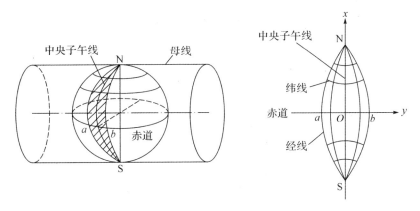

图 1-6 高斯投影概念

高斯投影没有角度变形,但有长度变形和面积变形,离中央子午线越远,变形就越大,为了对变形加以控制,测量中采用限制投影区域的办法,即将投影区域限制在中央子午线两侧一定的范围内,这就是所谓的分带投影,如图 1-7 所示。投影带一般分为 6°带和 3°带两种,如图 1-8 所示。

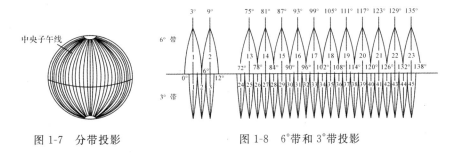

图 1-7 分带投影   图 1-8 6°带和 3°带投影

6°带投影是从英国格林尼治起始子午线开始,自西向东,每隔经差 6°分为一带,将地球分成 60 个带,其编号分别为 1、2……60。每带的中央子午线经度可用下式计算:

$$L_6 = (6n-3)° \tag{1-2}$$

式中,n 为 6°带的带号。6°带的最大变形在赤道与投影带最外一条经线的交点上,长度变形为 0.14%,面积变形为 0.27%。

3°投影带是在 6°带的基础上划分的。每 3°为一带,共 120 带,其中央子午线在奇数带时与 6°带中央子午线重合,每带的中央子午线经度可用下式计算:

$$L_3 = 3°n'\qquad(1-3)$$

式中,n' 为 3°带的带号。3°带的边缘最大变形现缩小为长度 0.04%,面积 0.14%。

我国领土位于东经 72°~136°,共包括了 11 个 6°投影带,即 13~23 带;22 个 3°投影带,即 24~45 带。如成都位于 6°带的第 18 带,中央子午线经度为 105°。

通过高斯投影,将中央子午线的投影作为纵坐标轴,用 x 表示,将赤道的投影作为横坐标轴,用 y 表示,两轴的交点作为坐标原点,由此构成的平面直角坐标系称为高斯平面直角坐标系,如图 1-9 所示。对应于每一个投影带,就有一个独立的高斯平面直角坐标系,利用相应投影带的带号来区分各带坐标系。

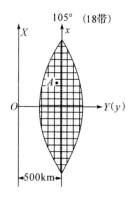

图 1-9　高斯平面直角坐标

在每一投影带内,y 坐标值有正有负,这对计算和使用均不方便。为了使 y 坐标都为正值,故将纵坐标轴向西平移 500km(半个投影带的最大宽度不超过 500km),并在 y 坐标前加上投影带的带号。如图 1-10 中的 A 点位于 18 投影带,其自然坐标为 $x=3395451\mathrm{m}$,$y=-82261\mathrm{m}$,它在 18 带中的高斯通用坐标则为 $X=3395451\mathrm{m}$,$Y=18\ 417739\mathrm{m}$。

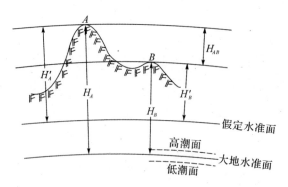

图 1-10　高程和高差

2.地面点高程

地面点到高程基准面的铅锤距离称为高程。根据基准面的不同,高程分为绝对高程和相对高程。

（1）绝对高程

绝对高程以大地水准面为基准面,又称海拔,一般用 H 表示。如图 1-10 中,A、B 两点的绝对高程分别为 H_A、H_B。

大地水准面通过设立验潮站,进行长期观测测得。我国目前采用的是"1985 年高程基准",其水准原点位于青岛,高程为 72.260m,全国各地的高程测量都以此为基准进行测算。

（2）相对高程

假定一个水准面为基准面,并假定其高程为零,则地面某点到该水准面的铅锤距离为其相对高程,又称假定高程,用 H' 表示。如图 1-10 中 H'_A、H'_B 分别表示 A、B 点的相对高程。

建筑工程中,一般以首层室内地坪为该工程高程基准面,记为±0.000,建筑物某部位的标高,实质上就是其相对于首层室内地坪的高程。

3.高差

两地面点间的高程之差称为高差,用 h 表示。图 1-10 中 B 点相对于 A 点的高差为:

$$h = H_B - H_A = H'_B - H'_A \tag{1-4}$$

式(1-4)表明,高差的大小与高程基准面的选取无关。

当 $h_{AB} > 0$ 时,表示 B 点高于 A 点;当 $h_{AB} < 0$ 时,表示 B 点低于 A 点;当 $h_{AB} = 0$ 时,表示 B 点与 A 点有相同的高程。

第四节　地形图、比例尺和比例尺精度

一、地形图、平面图、地图

地形图:通过实地测量,将地面上各种地物、地貌的平面位置,按一定的比例尺,用《地形图图式》统一规定的符号和注记,缩绘在图纸上的平面图形。它既表示地物的平面位置又表示地貌形态。

平面图:只表示地物形状的平面位置,不反映地貌形态。

地图:将地球上的自然、社会、经济等若干现象,按一定的数学法则,采用综合原则绘成的图。

测量主要是研究地形图,它是地球表面实际情况的客观反映,各项经济建设和国防工程建设都需要首先在地形图上进行规划、设计。

二、比例尺和比例尺精度

比例尺:即图上任一线段 d 与地上相应线段水平距离 D 之比,表示图上距离比实地距离缩小(或扩大)的程度,也称缩尺。

1.比例尺种类

(1)数字比例尺:直接用数字,用分子为 1 的分数式来表示的比例尺,称为数字比例尺,即

$$\frac{d}{D} = \frac{1}{D/d} = \frac{1}{M} = 1 : M \tag{1-5}$$

式中,M 为比例尺分母,表示缩小的倍数。M 愈小,比例尺愈大,图上表示的地物地貌愈详尽。通常把 1∶500、1∶1000、1∶2000、1∶5000 的比例尺称为大比例尺;1∶10000、1∶25000、1∶50000、1∶100000 的称为中比例尺;小于 1∶100000 的称为小比例尺。

(2)图式比例尺:直线比例尺和复式比例尺。

(3)工具比例尺:分划板、三棱尺。

2.比例尺精度

定义:根据人眼正常的分辨能力,在图上可辨认的长度通常认为是 0.1 mm,它在地上表示的水平距离 0.1 mm×M,称为比例尺精度。

根据比例尺的精度,可以确定地形图测绘时的距离测量精度。例如,1∶1000 地形图的比例尺精度为 0.1 m,测图时量距的精度只需 0.1 m,因为小于 0.1 m 的距离在图上表示不出来。反之,若设计规定需在图上能量出的实地最短长度为 0.1 m,则测图比例尺不得小于 0.1 mm/0.1 m=1∶1000。

比例尺精度表示比例尺大小所反映的地图详尽程度。比例尺越大,其比例尺精度也越高,表示的地物、地貌越详细准确,同时测绘工作量和成本也越高。

第五节　测量工作概述

一、测量的基本工作

土木工程测量的主要目的是确定地面点的空间位置,而确定地面点位的三个基本要素是水平距离、水平角和高差,因此距离测量、角度测量和高差测量是测量的基本工作。

在实际测量工作中,通常由已知点推算待定点位置。如图 1-11 所示,已知地面点 A、B 两点的坐标,C 为待定点。在△ABC 中,先测定 AC 边长度与水平角 A,便可推算出 C 点的平面位置;再测定 AC 点间高差,就可推算出 C 点的高程;因此 C 点的空间位置就确定下来了。

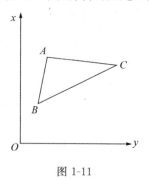

图 1-11

二、测量的基本原则

测量工作中必然会产生误差。为了控制测量误差的积累,要求在测量范围内,先确定一些控制点,精确测出这些点的位置;然后将仪器安置在控制点上,再测量周围碎部点(房屋、河流、道路)的位置。这种布局上"由整体到局部"、精度上"由高级到低级"、程序上"先控制后碎部"便是测量工作必须遵循的基本原则。

如图 1-12 所示,绘制测区地形图时,先在测区内选择一些具有控制作用的点 1、2、3、4、5、6 等点作为控制点,精确测量出这些点的平面位置和高程。有了控制点,接下来进行碎部测量,例如将仪器安置在控制点 1 上,可测出房屋的角点 L、M、N 等;仪器安置在控制点 2 上,可测出周围碎部点 A、B、C 等,根据所测碎部点的平面位置和高程,按一定的比例尺和相应的符号画到图纸上,便可得到所测地区的地形图。

图 1-12　地形测量示意图

第六节　三北方向与坐标正反算

一、三北方向

1.真子午线方向

过地球上某点及地球的北极和南极的半个大圆称为该点的真子午线(图 1-13)。通过地球表面某点的真子午线的切线方向,称为该点的真子午线方向。其北端指示方向,又称真北方向。真子午线方向指出地面上某点的真北和真南方向。可以用天文观测方法、陀螺经纬仪和 GPS 来测定地表任一点的真子午线方向。

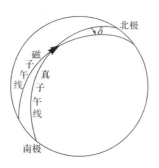

图 1-13　真、磁子午线

2. 磁子午线方向

过地球上某点及地球南北磁极的半个大圆称为该点的磁子午线(图 1-13)。磁针在地球磁场的作用下,磁针自由静止时所指的方向称为磁子午线方向。磁子午线方向都指向磁地轴,通过地面某点磁子午线的切线方向称为该点的磁子午线方向,可用罗盘仪测定。

由于地磁的两极与地球的两极并不一致,所以同一地点的磁子午线方向与真子午线方向不一致,其夹角称为磁偏角,用符号 δ 表示。磁子午线方向北端在真子午线方向以东时为东偏,δ 为"+",在西时为西偏,δ 为"−"。由于地球磁极的位置在不断地变动,以及磁针受局部吸引等因素,磁子午线方向不宜作为精确定向的基本方向。但因用磁子午线定向方法简便,所以仍可在独立的小区域测量工作中采用。

3. 坐标纵轴方向

高斯平面直角坐标系以每带的中央子午线为坐标纵轴,每带内把坐标纵轴作为标准方向,称为坐标纵轴方向或中央子午线方向。坐标纵轴以北向为正,所以又称轴北方向。如图 1-14 中,以过 O 点的真子午线方向作为坐标纵轴,所以任意点 A 或 B 的真子午线方向与坐标纵轴方向间的夹角就是任意点与 O 点间的子午线收敛角 γ,当坐标纵轴方向的北端偏向真子午线方向以东时,γ 定为"+",偏向西时 γ 定为"−"。

以上真子午线方向、磁子午线方向、坐标纵轴方向称为三北方向。

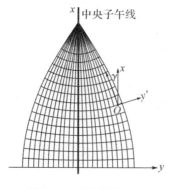

图 1-14　坐标纵轴方向

二、表示直线方向的方法

1. 方位角

测量工作中,常用方位角来表示直线的方向。由基本方向的指北端起,按顺时针方向量到直线的水平角为该直线的方位角,用 A 表示。方位角的取值范围为 $0°\sim 360°$。

如图 1-15(a)中 $O1$、$O2$、$O3$ 和 $O4$ 的方位角分别为 A_1、A_2、A_3 和 A_4。

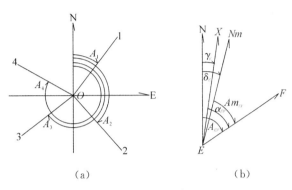

(a) (b)

图 1-15 方位角

由于标准方向有真子午线方向、磁子午线方向和坐标纵轴方向之分,对应的方位角分别称为真方位角 A、磁方位角 Am、坐标方位角 α,所以从图 1-15(b)中不难看出,真方位角和磁方位角之间的关系为:

$$A_{EF} = Am_{EF} + \delta_E$$

真方位角和坐标方位角的关系为:

$$A_{EF} = \alpha_{EF} + \gamma_E$$

式中,δ 和 γ 的值东偏时为"$+$",西偏时为"$-$"。

2. 象限角

由坐标纵轴的北端或南端起,顺时针或逆时针至直线所夹的锐角,并注出象限名称,称为该直线的象限角。用 R 表示,角值 $0°\sim 90°$,如图 1-16 所示。为了确定不同象限中相同 R 值的直线方向,把 Ⅰ～Ⅳ象限分别用北东、南东、南西和北西表示的方位,在直线的 R 前冠以方位名。同理,象限角亦有真象限角、磁象限角和坐标象限角之分,测量中采用的磁象限角 R 用方位罗盘仪测定。图中直线 $O1$、$O2$、$O3$ 和 $O4$ 的象限角分别表示为:

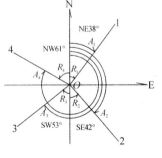

图 1-16 象限角

$R_{O1} =$北东 $38°$ 　　或 $R_{O1} =$NE $38°$

$R_{O2} =$南东 $42°$ 　　或 $R_{O2} =$SE $42°$

$R_{O3} =$南西 $53°$ 　　或 $R_{O3} =$SW $53°$

$R_{O4} =$北西 $61°$ 　　或 $R_{O4} =$NW $61°$

3.坐标方位角

如图 1-17 所示,以 A 为起点,B 为终点的直线,直线 AB 的坐标方位角 α_{AB},称为直线 AB 的正坐标方位角;直线 BA 的坐标方位角 α_{BA},称为直线 AB 的反坐标方位角,也是直线 BA 的正坐标方位角。α_{AB} 与 α_{BA} 相差 $180°$,互为正、反坐标方位角。即

$$\alpha_{AB}=\alpha_{BA}\pm 180° \tag{1-6}$$

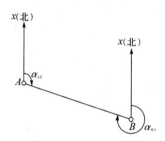

图 1-17   正反坐标方位角

当 $\alpha_{AB}<180°$时,上式取"+"号;当 $\alpha_{AB}\geqslant 180°$时,上式取"−"号。

(1)坐标方位角的推算

如图 1-18 所示,A、B 为已知点,AB 边的坐标方位角为 α_{AB},测得 AB 边与 $B1$ 边的连接角为 $\beta_{1左}$(该角位于以编号顺序为前进方向的左侧,称为左角),$B1$ 与 12 边的水平角 $\beta_{2左}$,由图 1-18 可以看出:

$$\alpha_{B1}=\alpha_{AB}-(180°-\beta_{1左})=\alpha_{AB}+\beta_{1左}-180°$$

$$\alpha_{12}=\beta_{B1}+(\beta_{2左}-180°)=\alpha_{B1}+\beta_{2左}-180°$$

$$\cdots\cdots$$

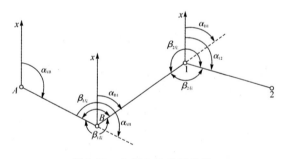

图 1-18   坐标方位角的推算

同法可连续推算其他边的方位角。如果推算值大于 $360°$,应减去 $360°$;如果小于 $0°$,则应加上 $360°$。特别指出:方位角推算必须推算至已知方位角的边和已知值比较,检核计算中是否有错误。

观察上面可以推算出坐标方位角的一般公式为:

$$\alpha_{前}=\alpha_{后}+\beta_{左}\pm 180° \tag{1-7}$$

或

$$\alpha_{前}=\alpha_{后}-\beta_{右}\pm 180° \tag{1-8}$$

注意:若计算出的 $\alpha_{前}>360°$,则减去 $360°$;若为负值,则加上 $360°$。

(2)方位角与象限角的换算

象限	坐标增量	由 α 求 R	由 R 求 α
Ⅰ	$\Delta x>0,\Delta y>0$	$R=\alpha$	$\alpha=R$
Ⅱ	$\Delta x<0,\Delta y>0$	$R=180°-\alpha$	$\alpha=180°-R$
Ⅲ	$\Delta x<0,\Delta y<0$	$R=\alpha-180°$	$\alpha=180°+R$
Ⅳ	$\Delta x>0,\Delta y<0$	$R=360°-\alpha$	$\alpha=360°+R$

三、坐标正反算

1. 坐标正算

由 A、B 两点边长 S_{AB} 和坐标方位角 α_{AB} 计算坐标增量。如图 1-19，有：

$$X_B = X_A + \Delta X_{AB}$$
$$Y_B = Y_A + \Delta Y_{AB} \tag{1-9}$$

其中：$\Delta X_{AB} = S_{AB} \times \cos\alpha_{AB}$

$\Delta Y_{AB} = S_{AB} \times \sin\alpha_{AB}$

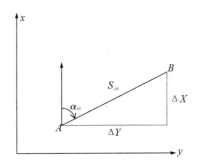

图 1-19 坐标增量

2. 坐标反算

坐标反算，就是根据直线两个端点的已知坐标，计算直线的边长和坐标方位角。

由 A、B 两点坐标来计算 α_{AB}、S_{AB} 的公式：

$$S_{AB} = \sqrt{\Delta x_{AB}^2 + \Delta y_{AB}^2} \tag{1-10}$$

$$\tan\alpha_{AB} = \frac{\Delta y_{AB}}{\Delta x_{AB}} \tag{1-11}$$

α_{AB} 的具体计算方法如下：

(1)计算 Δx_{AB} 、Δy_{AB}

$$\Delta x_{AB} = x_B - x_A$$
$$\Delta y_{AB} = y_B - y_A$$

(2)计算 $\alpha_{AB锐}$

$$\alpha_{AB锐} = \arctan \left| \frac{\Delta y_{AB}}{\Delta x_{AB}} \right|$$

(3)根据 Δx_{AB} 、Δy_{AB} 的正负号来判断 α_{AB} 所在的象限。

1）$\Delta x_{AB} > 0$ 且 $\Delta y_{AB} > 0$ 则为第一象限，$\alpha_{AB} = \alpha_{AB锐}$ ；

2）$\Delta x_{AB} < 0$ 且 $\Delta y_{AB} > 0$ 则为第二象限，$\alpha_{AB} = 180° - \alpha_{AB锐}$ ；

3）$\Delta x_{AB} < 0$ 且 $\Delta y_{AB} < 0$ 则为第三象限，$\alpha_{AB} = 180° + \alpha_{AB锐}$ ；

4）$\Delta x_{AB} > 0$ 且 $\Delta y_{AB} < 0$ 则为第四象限，$\alpha_{AB} = 360° - \alpha_{AB锐}$ ；

5）$\Delta x_{AB} = 0$ 且 $\Delta y_{AB} > 0$ 则 $\alpha_{AB} = 90°$；

6）$\Delta x_{AB} = 0$ 且 $\Delta y_{AB} < 0$ 则 $\alpha_{AB} = 270°$。

第七节　误差及广义传播定律

一、观测误差概述

1.观测及观测误差

在一定的外界条件下进行观测,观测值总会含有一定误差。例如,同一人用同一台经纬仪对某一固定角度重复观测多次,各测回的观测值往往互不相等;同一组人,用同样的测距工具,对同一段距离重复测量多次,各次的测距值也往往互不相等。又如,平面三角形的内角和为 $180°$,即观测对象的真值,但三个内角的观测值之和往往不等于 $180°$;闭合水准测量线路各测段高差之和的真值应为 0,但经过大量水准测量的实践证明,各测段高差的观测值之和一般也不等于 0。之所以产生这种现象,是因为在观测结果中始终存在测量误差。这种观测量之间的差值或观测值与真值之间的差值,称为测量误差(亦称观测误差)。

任何一个观测量,在客观上总存在着一个能代表其真正大小的数值,这个数值称为真值,一般用 x 表示。对未知量进行测量的过程,称为观测,观测所获得的数值称为观测值,用 L_i 表示。进行观测时,观测值与真值之间的差值,称为测量误差或观测误差,用 Δ_i 表示。有：

$$\Delta_i = L_i - x \tag{1-12}$$

2.观测误差的来源

测量活动离不开人、测量仪器和测量时所处的外界环境。不同的人,操作习惯不同,会对测量结果产生影响。另外,每个人的感觉器官不可能十分完善和准确,会产生一些分辨误差。测量仪器的构造也不可能十分完善,观测时测量仪器各轴系之间还存在不严格平行或垂直的问题,从而导致测量仪器误差。同时,测量环境的不断变化也会对测量结果产生一定的影响。所以观测误差有下列三方面原因:

(1)观测者。由于观测者感觉器官的鉴别能力有局限性,在仪器安置、照准、读数等工作中都会产生误差。同时,观测者的技术水平及工作态度也会对观测结果产生影响。

(2)测量仪器。测量工作所使用的测量仪器都具有一定的精密度,从而使观测结果的精度受到限制。另外,仪器本身构造上的缺陷,也会使观测结果产生误差。

(3)外界观测条件。外界观测条件是指野外观测过程中,外界条件的因素,如天气的变化、植被的不同、地面土质松紧的差异、地形的起伏、周围建筑物的状况,以及太阳光线的强弱、照射角度的大小等。有风会使测量仪器不稳,地面松软可使测量仪器下沉,强烈阳光照射会使水准管变形,太阳的高度角、地形和地面植被决定了地面大气温度梯度,观测视线穿过不同温度梯度的大气介质或靠近反光物体,都会产生折光现象,使视线弯曲。因此,外界观测条件是保证野外测量质量的一个重要要素。

通常把观测者、仪器设备、环境等三方面综合起来,称为观测条件。观测条件相同的各次观测,称为等精度观测,获得的观测值称为等精度观测值;观测条件不相同的各次观测,称为非等精度观测,相应的观测值称为非等精度观测值。

3.观测误差的分类及其处理方法

根据测量误差的性质,测量误差可分为粗差、系统误差和偶然误差三大类,即:

$$\Delta = \Delta s + \Delta a + \Delta g \tag{1-13}$$

式中:Δs 为系统误差;Δa 为偶然误差;Δg 为粗差。

(1)系统误差

在相同观测条件下,对某量进行一系列观测,如误差出现符号和大小均相同或按一定的规律变化,这种误差称为系统误差,记为 Δs。系统误差具有积累性,对测量结果的影响很大,因此,必须足够地重视,处理系统误差的办法有以下几项。

1)用计算的方法加以改正。

2)用合适的观测方法加以削弱。

3)将系统误差限制在一定的允许范围之内。

(2)偶然误差

在相同的观测条件下,误差出现的符号和数值大小都不相同,从表面看没有任何规律性,但大量的误差有"统计规律",这种误差称为偶然误差,或随机误差,又称为真误差。记为 Δa。

对观测值中产生的偶然误差,常采用多次测量、制定限差、取平均值的方法来减小偶然误差的影响,但不能完全消除其影响。

(3)粗差

粗差是一种大级量的观测误差,是指比在正常观测条件下所可能出现的最大误差还要大的误差。粗差产生的原因较多,有测量员疏忽大意、失职而引起,如读数错误、记录错误、照准目标错误等;有测量仪器自身或受外界干扰发生故障而引起的;还有是容许误差取值过小造成的。粗差对测量结果的影响巨大,必须引起足够的重视,在观测过程中要尽力避免。

在测量中应尽量避免粗差,严格遵守国家测量规范或规程,进行必要的重复观测,通过多余观测条件,采用必要而严密的检核、验算等措施来发现粗差,处理粗差。

4.偶然误差的统计特性

当观测值中剔除了粗差,排除了系统误差的影响,或者与偶然误差相比系统误差处于次要地位后,占主导地位的偶然误差就成了我们研究的主要对象。观测结果不可避免地存在偶然误差,单个偶然误差的符号和大小没有规律,但是,如果观测的次数很多,大量的偶然误差会呈现出一定的规律性。统计的数量越大,其规律性也就越明显。

通过大量实验统计,结果表明,当观测次数较多时,偶然误差具有如下统计特性。

(1)在一定的观测条件下,偶然误差的绝对值不会超过一定的限值,即有界性。

(2)绝对值小的误差比绝对值大的误差出现的可能性大,即聚中性。

(3)绝对值相等的正、负误差出现的可能性相等,即对称性。

(4)同一量的等精度观测,其偶然误差的算术平均值随着着观测次数的无限增加而趋近于 0,即:

$$\lim_{n \to \infty} \frac{\sum\limits_{i=1}^{n} \Delta_i}{n} = \lim_{n \to \infty} \frac{[\Delta]}{n} = 0 \tag{1-14}$$

式中:n 为观测次数。偶然误差的第(4)个特性由第(3)个特性导出,说明偶然误差具有抵偿性。

以 Δ 为横坐标,以 $y = \dfrac{v}{n}/\mathrm{d}\Delta$ 为纵坐标作直方图,如图 1-20 所示,可以更直观地看出偶然误差的分布情况。当误差个数足够多时,如果将误差的区间间隔无限缩小,则图中各长方形顶边所形成的折线将变成一条光滑的曲线,称为误差分布曲线,该曲线在概率论中称为正态分布曲线,曲线的函数形式为:

$$y = f(\Delta) = \frac{1}{\sigma \sqrt{2\pi}} e^{-\frac{\Delta^2}{2\sigma^2}} \tag{1-15}$$

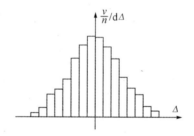

图 1-20　误差分布直方图

式(1-15)称为正态分布的概率密度函数,又称高斯分布。

误差分布曲线的峰愈高、坡愈陡,表明绝对值小的误差出现较多,即误差分布比较密集,反映观测成果质量好;曲线的峰愈低、坡愈缓,表明绝对值大的误差出现较少,即误差分布比较离散,反映观测成果质量较差。偶然误差特性图中的曲线符合统计学中的正态分布曲线,标准误差的大小反映了观测精度的低高,即标准误差越大,精度越低;反之,标准误差越小,精度越高。

二、衡量观测精度的标准

1. 中误差

假设在相同的观测条件下，等精度观测列中，对某量进行了 n 次观测，其观测值为 l_1、l_2 …… l_n，相应的真误差为 Δ_1、Δ_2 …… Δ_n（$\Delta_i = l_i - \bar{l}$），则各真误差平方的平均数的平方根称为中误差，也称均方误差，用 m 表示，即

$$m = \pm \sqrt{\frac{\Delta_1^2 + \Delta_2^2 + \cdots + \Delta_n^2}{n}} = \pm \sqrt{\frac{[\Delta\Delta]}{n}} \tag{1-16}$$

2. 相对中误差

对于某些观测结果，仅用中误差还不能准确地反映出观测精度的优劣。比如用钢尺分别量了 100m 和 200m 两段距离，中误差均为 ± 20cm。虽然中误差相同，但就单位长度而言，两者精度并不相同，后者显然优于前者。单纯地采用中误差不足以衡量距离丈量的精度，而应采用相对中误差衡量其精度。

观测值中误差 m 的绝对值与相应观测值 S 的比值称为相对中误差，即

$$K = \frac{|m|}{D} = \frac{1}{\dfrac{D}{|m|}} \tag{1-17}$$

例如 $K_1 = 0.01/100 = 1/10000$，$K_2 = 0.01/200 = 1/20000$。显然，后者的精度比前者精度高；当 K 中分母越大，表示相对中误差精度越高，反之越低。值得注意的是，观测时间、角度和高差时，不能用相对中误差来衡量观测值的精度，这是因为观测误差与观测值的大小无关。

3. 极限误差

由于偶然误差的有界特性，在一定的观测条件下，偶然误差的绝对值不会超过一定的限值。这个限值就是容许误差或称极限误差。根据概率统计可知，在一系列的等精度观测中，误差 Δ 落在区间 $(-m, +m)$、$(-2m, +2m)$、$(-3m, 3m)$ 上的概率分别为

$$P(-m < \Delta < m) \approx 68.3\%$$
$$P(-2m < \Delta < 2m) \approx 95.5\% \tag{1-18}$$
$$P(-3m < \Delta < 3m) \approx 99.7\%$$

可见，绝对值大于 2 倍中误差的偶然误差出现的可能性约为 5%；绝对值大于 3 倍中误差的偶然误差出现的可能性约为 0.3%。因此，在观测次数不多的情况下，可以认为大于 3 倍中误差的偶然误差是不可能出现的。故通常以 3 倍中误差作为偶然误差的极限误差，即

$$\Delta_{极} = 3m \tag{1-19}$$

在实际工作中，测量规范要求观测值中不容许存在较大的误差，常以 2 倍中误差作为偶然误差的容许误差，即

$$\Delta_{容} = 2m \tag{1-20}$$

要求不严格时，以 3 倍中误差作为偶然误差的容许值。若某个误差超过了容许值，则认为观测值中包含有粗差，应给予舍去不用或重测。

三、误差传播定律

在实际测量工作中,某些未知量不可能或不便于直接进行观测,而需要由另一些直接观测量根据一定的函数关系计算出来。例如,水准测量中,在测站上测得后视、前视读数分别为 a、b,则高差 $h=a-b$。这里高差 h 是直接观测量 a、b 的函数。显然,当 a、b 存在误差时,h 也受其影响而产生误差。这种关系称为误差传播。这种观测值精度与观测值函数的精度之间的关系,称为误差传播定律。

1. 误差传播公式

(1)一般线性函数

设有一般线性函数

$$Z=k_1X_1\pm k_2X_2\pm\cdots\pm k_nX_n \tag{1-21}$$

式中:$X_1,X_2,\cdots,X_n$ 为可直接观测的未知量,Z 为函数,是间接观测量,$k_1,k_2,\cdots,k_n$ 为系数。

则函数 Z 的中误差关系式为:

$$m_z^2 = k_1^2 m_{x_1}^2 + k_2^2 m_{x_2}^2 + \cdots + k_n^2 m_{x_n}^2 \tag{1-22}$$

应用式(1-22),可讨论一些特殊函数的误差传播定律表达式。

1)倍数函数:设有函数 $Z=kx$ 则

$$m_z = km_l \tag{1-23}$$

即观测值倍数函数的中误差,等于观测值中误差乘倍数。

【例 1-1】 用水平视距公式 $D=k\cdot l$ 求平距,已知观测视距间隔的中误差 $m_l=\pm1\text{cm}$,$k=100$,则平距的中误差 $m_D=100\cdot m_l=\pm1\text{m}$。

2)和差函数:设有函数 $z=l_1\pm l_2\pm\cdots\pm l_k$ 则:

$$m_z^2 = m_1^2 + m_2^2 + \cdots + m_n^2 \tag{1-24}$$

当观测值 $l_i(i=1,2,\cdots,k)$ 为等精度观测时,且 m_i 都相等时,则上式变为:

$$m_z = m\sqrt{t} \tag{1-25}$$

(2)一般函数

设有一般函数

$$Z=f(X_1,X_2,\cdots,X_n) \tag{1-26}$$

式中:$X_1,X_2,\cdots,X_n$ 为独立观测值,已知其中误差为 $m_i(i=1,2,\cdots,n)$。

当 x_i 具有真误差 Δ_i 时,函数 Z 则产生相应的真误差 Δz,因为真误差 Δ 是一微小量,故将式(1-26)取全微分,将其化为线性函数,并以真误差符号"Δ"代替微分符号"d",得

$$\Delta_z = \frac{\partial f}{\partial x_1}\Delta_{x_1} + \frac{\partial f}{\partial x_2}\Delta_{x_2} + \cdots + \frac{\partial f}{\partial x_n}\Delta_{x_n}$$

式中:$\frac{\partial f}{\partial x_i}$ 是函数对 x_i 取偏导数并用观测值代入算出的数值,它们是常数。因此,上式变成了线性函数,可得

$$m_z = \pm\sqrt{\left(\frac{\partial f}{\partial x_1}\right)^2 m_1^2 + \left(\frac{\partial f}{\partial x_2}\right)^2 m_2^2 + \cdots + \left(\frac{\partial f}{\partial x_n}\right)^2 m_n^2} \tag{1-27}$$

式(1-27)是误差传播定律的一般形式。

2.误差理论在测量中的应用实例

【例1-2】 为了求某圆柱体的体积,测得圆周长、高及其中误差分别为:周长 $C=2.105\pm0.002$m,高 $H=1.823\pm0.003$m,试求圆柱体体积 V 及其中误差 m_V。

【解】 圆柱体积公式

$$V = \frac{1}{4\pi}C^2 H$$

将上式取对数微分得

$$\frac{\mathrm{d}V}{V} = \frac{2\mathrm{d}C}{C} + \frac{\mathrm{d}H}{H}$$

则

$$\left(\frac{m_V}{V}\right)^2 = \left(\frac{2m_C}{C}\right)^2 + \left(\frac{m_H}{H}\right)^2$$

将观测数据代入上式得

$$V = 0.643 \text{ m}^3$$
$$m_V = \pm 0.0016 \text{ m}^3$$

即

$$V = 0.643 \pm 0.0016 \text{ m}^3$$

【例1-3】 今丈量了某倾斜地面距离 $D'=100.00\pm0.02$m,地面倾斜角度为 $\alpha=12°30'\pm0.5'$,试求地面水平距离 D 及 m_D。

【解】

水平距离

$$D = D'\cos\alpha = 97.63 \text{ m}$$

取微分得

$$\mathrm{d}D = \mathrm{d}D'\cos\alpha - D'\sin\alpha\frac{\mathrm{d}\alpha}{\rho}$$

则

$$m_D^2 = (\cos\alpha\, m_{D'})^2 + \left(D'\sin\alpha\frac{m_\alpha}{\rho}\right)^2 = 3.9117 \times 10^{-4}$$
$$m_D = \pm 0.02 \text{ m}$$

即

$$D = 97.63 \pm 0.02 \text{ m}$$

【例1-4】 设用长度为 l 的卷尺量距,共丈量了 n 个尺段,已知每尺段量距中误差都为 m_l,求全长 s 的中误差 m_S。

【解】

$$s = l_1 + l_2 + \cdots + l_n$$
$$m_S^2 = m_1^2 + m_2^2 + \cdots + m_n^2 = m_l^2 + m_l^2 + \cdots + m_l^2 = nm_l^2$$

即

$$m_S = \sqrt{n}\, m_l$$

当使用量距的钢尺长度相等时,每尺段的量距中误差都为 m_l,即等精度观测,这时每公里长度的量距中误差 m_{KM} 也相等。当对长度为 $s$km 的距离丈量时,则有

$$m_S = \sqrt{s}\, m_{KM}$$

第二章 测量仪器及应用

本章主要阐述了水准仪的构造、使用及检校,光学经纬仪的构造、使用及检校,角度测量的基本原理,包括水平角和竖直角的测量、经纬仪测角误差来源及注意事项。介绍了电子全站仪的构造及使用。

第一节 水准仪

一、水准仪

水准仪是通过建立水平视线来测量地面两点间高差的仪器。

我国水准仪按其精度,可分为 $DS_{0.5}$、DS_1、DS_3、DS_{10} 四个等级。其中,字母 D、S 分别为"大地测量"和"水准仪"汉语拼音的第一个字母,下标数字表示仪器每千米往返测高差中数的中误差,以 mm 为单位。不同精度的水准仪用于不同等级水准测量,具体应用如表 2-1 所示。

表 2-1 我国水准仪型号及用途

水准仪型号	每千米往返测高差中数的中误差	主要用途
$DS_{0.5}$	$\leqslant 0.5mm$	国家一等水准测量、地震监测
DS_1	$\leqslant 1mm$	国家二等水准测量、精密水准测量
DS_3	$\leqslant 3mm$	国家三、四等水准测量、一般工程水准测量
DS_{10}	$\leqslant 10mm$	一般工程水准测量

水准仪按其构造分为微倾式水准仪、自动安平水准仪、电子水准仪。其中,微倾式水准仪借助微倾螺旋获得水平视线;自动安平水准仪通过自动安平补偿器获得水平视线;电子水准仪(又称数字水准仪)配合条纹编码尺,利用数字化图像处理的方法,可自动显示高程和距离。目前,工程测量中多使用 DS_3 级微倾式水准仪、自动安平水准仪和电子水准仪。

1. 水准仪的基本构造及功能

水准仪主要由望远镜、水准器及基座三部分构成。下面以国产的 DS_3 级微倾式水准仪为例介绍水准仪的构造。

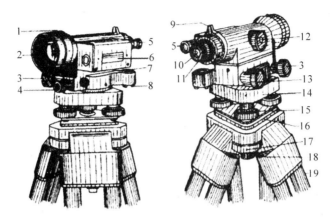

图 2-1　DS₃ 型微倾式水准仪

1.望远镜;2.物镜;3.微动螺旋;4.制动螺旋;5.观察镜;6.管水准器;7.圆水准器;8.圆水准器校正螺丝;
9.照门;10.目镜;11.分划板护罩;12.物镜调焦螺旋;13.微倾螺旋;14.轴座;15.脚螺旋;16.连接底板;
17.架头压块;18.压块螺丝;19.三脚架

(1)望远镜

由物镜、目镜、调焦透镜和十字丝分划板组成,用来瞄准目标并对水准尺读数。

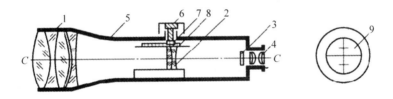

图 2-2　目镜

1.物镜;2.物镜调焦透镜;3.十字丝分划板;4.目镜;5.物镜筒;6.物镜调焦螺旋;7.齿轮;8.齿条;9.十字丝影像

1)十字丝分划板。上刻两条相互垂直的长线,长竖线称为竖丝,长横线称为横丝(中丝),水准测量中用横丝读取水准尺上的读数。横丝上下刻有对称且相互平行的两条较短横线,用于测量水准仪与水准尺间的距离,称为视距丝,又称上丝和下丝。

2)调焦透镜。通过旋转调焦螺旋改变调焦透镜的位置,观测不同距离处的目标。

3)物镜和目镜。一般采用复合透镜。目标 AB 经过物镜后形成一个倒立缩小的实像,移动调焦透镜,可使不同距离的目标清晰地成像在十字丝分划板上,再通过目镜,便可看清放大了的十字丝和目标影像 a_1b_1。望远镜成像原理如图 2-3 所示。

4)视准轴。十字丝交点与物镜光心的连线,称为视准轴 CC。使用仪器时,视准轴要保持水平。

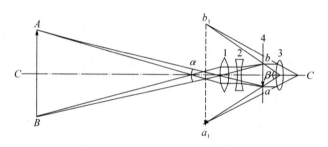

图 2-3　望远镜成像原理
1.物镜；2.调焦透镜；3.目镜

（2）水准器

水准器是用于指示视线是否水平或竖轴是否垂直的装置，有圆水准器和管水准器两种，圆水准器用来粗略整平水准仪，管水准器用来精确整平仪器。

1）圆水准器

如图 2-4 所示，圆水准器是一个圆柱形玻璃盒，其顶面内壁是球面，内装有酒精或乙醚或两者的混合液，加热封闭，冷却后盒内形成一个由液体的蒸气所充满的气泡，即水准气泡。气泡质量轻，故恒处于圆水准器的最高位置。球面正中央刻有圆圈，圆圈的圆心为圆水准器的零点，过零点的法线 L_0L_0 为圆水准器轴。

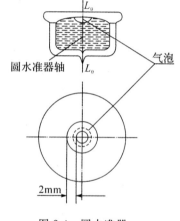

图 2-4　圆水准器

当气泡中点与水准器零点重合时，称气泡居中。圆水准器气泡居中时，圆水准器轴处于竖直状态。若气泡不居中，气泡中心偏离 2mm 时竖轴所倾斜的角值，称为圆水准器的分划值，其值为 τ，有

$$\tau = \frac{2}{R} \qquad (2\text{-}1)$$

式中：R——球面半径（管水准器中为水准管圆弧半径），单位 mm；$\rho = 206265''$。

分化值反映了仪器置平精度的高低，半径值 R 越大，分化值越小，水准器灵敏度越高。

圆水准器的分化值一般为 $8'/2\text{mm}$，其灵敏度较低，用于粗略整平。

2）管水准器

又称水准管，由玻璃圆管制成，纵向内壁磨成一定半径的圆弧，管内装有酒精或乙醚或两者的混合液，顶端有一气泡。

水准管上刻有间隔为 2mm 的分划线，分划线的中点和水准管圆弧的中点 O 重合，称为水准管零点。过水准管零点作水准管圆弧的切线，称为水准管轴 LL。气泡居中时，水准管轴 LL 处于水平状态。

水准管圆弧 2mm 所对的圆心角，称为水准管的分划值。安装在 DS₃ 级水准仪上的水准管，其分划值不大于 $20/2''\text{mm}$。可以看出，管水准器的置平精度远高于圆水准器，测量时，管水准器用于精确整平。

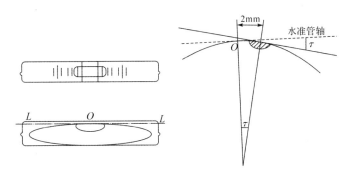

图 2-5　管水准器与分划值

因人眼判断水准管气泡是否居中时往往不精确,为了提高水准管气泡居中的精度和速度,在水准管上方安装了一套符合棱镜系统,如图 2-6 所示,通过符合棱镜的反射作用,将气泡同侧两端的半个气泡影像反映到望远镜旁的观察镜中。当气泡不居中时,两端气泡影像相互错开,如图 2-6(b)所示;调节微倾螺旋(左侧气泡移动方向与螺旋转动方向一致),气泡影像吻合时,气泡居中。这种水准器称为符合水准器。

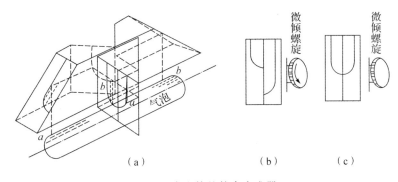

图 2-6　水准管的符合水准器

(3)基座

基座是支撑仪器上部并通过连接螺栓连接三脚架的构件,主要由轴座、脚螺旋、底板和三角压板构成。其中,圆水准器的整平通过调节它的三个脚螺旋来完成。

2.水准仪的使用方法

水准仪的操作分五步进行:安置仪器、粗略整平、瞄准、精确整平、读数。

(1)安置仪器

三脚架安置在两水准点连线大致中点的位置。先打开三脚架,按实际情况调整架腿长度使其高度适中,并使三脚架架头大致水平,紧固三脚架。然后将水准仪至于三脚架上,用连接螺栓紧固。

(2)粗略整平

粗平是通过调节水准仪基座上的脚螺旋,使圆水准器气泡居中。此时,仪器竖轴大致垂直,视线轴大致水平。具体操作步骤为:

①双手相对同时转动任意两个脚螺旋,使气泡移到通过圆水准器零点并垂直于这两个

脚螺旋连线的方向上；

②单手调节另一个螺旋，使气泡居中。

注意，在调节过程中，气泡移动的方向始终与左手大拇指运动方向一致。

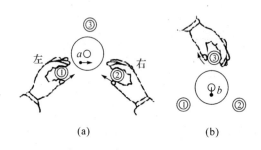

图 2-7　圆水准器整平方法

（3）瞄准

①目镜调焦：调节目镜调焦螺旋，使十字丝的成像清晰。

②初步瞄准：转动望远镜，使望远镜筒上的照门和准星的连线瞄准水准尺，拧紧制动螺旋，固定望远镜。

③物镜调焦：转动物镜调焦螺旋，使水准尺成像清晰。

④精确瞄准：调节水平微动螺旋，使竖丝对准水准尺。

⑤消除视差：眼睛在目镜端上下移动时，有时可看见十字丝与目标像相对移动，这种现象称为视差（图 2-8）。产生视差的原因是目标成像平面与十字丝分划板所在平面不重合，视差的存在影响读数的精度，必须予以消除。视差消除是通过反复仔细地调节目镜、物镜调焦螺旋，直至眼睛上下晃动时十字丝与目标像不发生相对位移。

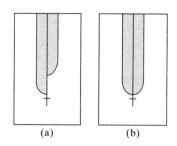

图 2-8　有（a）和没有（b）视差现象

（4）精确整平

缓慢转动微倾螺旋，使水准管气泡两端成像吻合。此时，水准管轴水平，水准仪的视线轴精确水平。

（5）读数

水准仪精平后，用十字丝的中丝在尺上读数。读数以米（m）为单位，直接读出米（m）、分米(dm)、厘米(cm)，估读出毫米(mm)数。如图 2-9，读数为 0.688m。

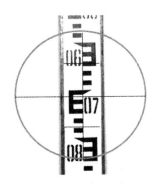

图 2-9　水准尺读数

3.微倾式水准仪的检校

水准仪的几何轴线有:圆水准轴 L_0L_0、长水准管轴 LL、视准轴 CC、竖轴 VV(图 2-10)。

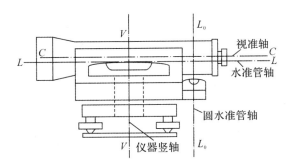

图 2-10　水准仪的主要轴线

为保证水准仪能提供一条水平视线，各轴线之间应满足三个条件:

①圆水准轴 L_0L_0 平行仪器竖轴 VV；

②十字丝横丝垂直于仪器竖轴 VV；

③水准管轴 LL 平行于视线轴 CC。

其中，水准管气泡是否居中用来判断视线是否水平，因此，水准管轴 LL 平行于视线轴 CC 是水准仪的主要条件。

上述条件在仪器出厂检验时是满足的，但由于仪器在长期使用和运输过程中受到震动等客观因素的影响，各轴线间的几何关系可能会发生变化，为保证测量结果准确，水准测量前必须对仪器进行检校。

（1）圆水准器的检校

1)检校目的

满足条件 $L_0L_0 /\!/ VV$。当圆水准器气泡居中时，仪器的竖轴基本上处于铅垂位置。

2)检验方法

转动三个脚螺旋使圆水准器的气泡居中，然后将望远镜旋转 180°，如果仍然居中，说明满足此条件。如果气泡偏离中央位置,则需校正。

3)校正方法

转动脚螺旋,使气泡向中间移动偏离量的一半,此时竖轴处于铅垂位置;然后用改正针校正气泡,使其居中,此时圆水准器轴平行于仪器竖轴且处于铅垂位置。

圆水准器校正需反复进行,直到仪器旋转到任何位置圆水准器气泡都居中为止。校正完成后,拧紧固定螺钉。

(2)十字丝横丝的检校

十字丝的检验与校正,如图 2-11 所示。

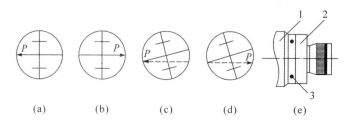

(a)   (b)   (c)   (d)   (e)

图 2-11　十字丝的检验与校正
1.物镜筒;2.目镜筒;3.目镜筒固定螺钉

1)检校目的

满足条件十字丝横丝⊥竖轴 VV。当仪器的竖轴处于铅垂位置时,横丝应处于水平位置。

2)检验方法

整平仪器,瞄准墙上的固定点(图 2-11(a)),水平微动望远镜,观察固定点是否离开十字丝横丝(图 2-11(b))。如果偏离十字丝横丝(图 2-11(c)、(d)),则需校正。

3)校正方法

拨正十字丝环。即打开十字丝分划板的护罩,松开分划板固定螺丝,用手转动十字丝分划板,直到横丝两端所得水准尺的读数相同(图 2-11(e))。

(3)长水准管器的检校

1)检校目的

满足条件 $LL /\!/ CC$。此时长水准管轴平行于视准轴,提供水平视线。

2)检验方法

①在比较平坦的地面上,在相距约 $40\sim60m$ 的地方打两个木桩或放两个尺垫作为固定点 A 和 B。检验时先将水准仪安置在距两点等距离处,在符合气泡居中的情况下,分别读取 A、B 点上的水准尺读数 a_1 和 b_1,求得高差 $h_1=a_1-b_1$(h_1 不含有该项误差的影响)。

②将仪器搬至 B 点附近(相距约 3m 处),在符合气泡居中的情况下,对远尺 A 和近尺 B,分别读得读数 a_2 和 b_2,求得第二次高差 $h_2=a_2-b_2$。若 $h_2=h_1$,说明仪器的水准管平行于视准轴,无需校正。若 $h_2\neq h_1$,则水准管轴不平行于视准轴,当 h_2 与 h_1 的差值大于 3mm 时,需要校正。

3）校正方法

①算出远尺的正确读数 a'_2，$a'_2 = h_1 + b_2$。

②转动微倾螺旋，令远尺 A 上读数恰为 a'_2，此时视线已水平，而符合气泡不居中，用校正针拨动水准管上、下两校正螺丝，使气泡居中（图 2-12），此时水准管轴平行于视准轴。

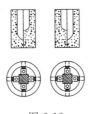

图 2-12

第二节　经纬仪

角度测量是测量的三项基本工作之一，角度测量包括水平角测量和竖直角测量。测量水平角是为了确定地面点的平面位置，测量竖直角是为了间接测定地面点的高程。

一、角度测量原理

1.水平角测量原理

（1）水平角概念

如图 2-13 所示，A、B、C 是空间任意高度的三点，$\angle bac$ 是这三个点在同一个水平面上的垂直投影形成的角。ab、ac 是直线 AB、AC 在水平面上的垂直投影，从数学角度来讲，$\angle bac$ 就是通过 AB 和 AC 的两个垂面所形成的二面角，也就是测量所需的水平角（即通过空间任意两条相交直线的面与已知水平面形成的二面角），简言之，测量中的水平角就是空间两条相交直线在水平面上的垂直投影所夹的角，用 β 表示。

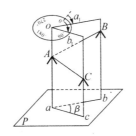

图 2-13　水平角测量原理

（2）水平角测量的原理

设想在两铅垂面交线 Aa 铅垂线上的任意一点水平放置一个全圆顺时针刻划的度盘（称水平度盘），并使其中心落在角顶点的铅垂线上，水平方向 ab 和 ac 在水平度盘上的读数为 a_1 和 b_1，则水平角 β 为

$$\beta = b_1 - a_1 \tag{2-2}$$

水平角的角值范围为 $0° \sim 360°$，均为正值。

由上述可知,用于测量水平角的仪器必须具备以下主要条件:

①能将刻度盘置于水平的水准器,使度盘中心安置在角顶点的铅垂线上的对中装置;

②应有能读取水平度盘读数的读数装置;

③能在铅垂面内转动,并能绕铅垂线水平转动的照准设备。

2.竖直角测量原理

(1)竖直角概念

竖直角是指某一方向与其在同一铅垂面内的水平线所夹的角度。

由图 2-14 可知,同一铅垂面上,空间方向线 OA 和水平线所夹的角 α_1 就是 OA 方向与水平线的竖直角,同理 α_2 就是 OB 方向与水平线的竖直角,若方向线在水平线之上,竖直角为仰角,用" $+\alpha$ "表示,若方向线在水平线之下,竖直角为俯角,用" $-\alpha$ "表示。其角值范围为 $0° \sim 90°$。

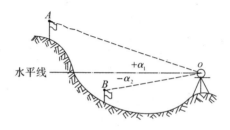

图 2-14　竖直角概念

(2)竖直角测量的原理

在望远镜横轴的一端竖直设置一个刻度盘(竖直度盘),竖直度盘中心与望远镜横轴中心重合,度盘平面与横轴轴线垂直,视线水平时指标线为一固定读数,当望远镜瞄准目标时,竖盘随之转动,望远镜照准目标的方向线读数与水平方向上的固定读数之差为竖直角。

根据上述水平角和竖直角的测量要求,设计制造的一种测角仪器称为经纬仪。

第三节　光学经纬仪的构造

光学经纬仪按其精度划分为 $DJ_{0.7}$、DJ_1、DJ_2、DJ_6 等,"D"和"J"分别为"大地测量仪器"和"经纬仪"汉语拼音的第一个字母,0.7、1、2、6 分别表示该等级经纬仪一测回水平方向的中误差不超过 $\pm 0.7''$、$\pm 1''$、$\pm 2''$、$\pm 6''$。

每个等级的经纬仪,由于生产厂家不同而有各种型号,仪器部件和结构也不完全一样,但其主要部件的构造大致相同。下面以我国北京光学仪器厂生产的 TDJ_6 型和 TDJ_2 型仪器为例,对经纬仪的构造作一简单介绍。

一、DJ₆型光学经纬仪

1.DJ₆型经纬仪各部件的名称

图2-15所示是北京光学仪器厂生产的 TDJ₆型光学型经纬仪。

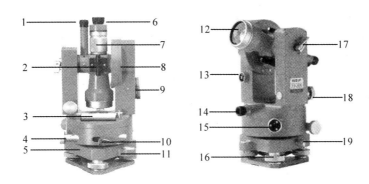

图 2-15 TDJ₆型光学经纬仪

1.读数目镜;2.外粗瞄器;3.管水准器;4.照准部微动螺旋;5.基座;6.目镜;7.物镜对光螺旋;8.竖直度盘;9.度盘照明反光镜;10.照准部制动扳手;11.圆水准器;12.物镜;13.竖盘补偿器开关;14.对中目镜;15.水平度盘拨盘手轮;16.脚螺旋;17.望远镜制动扳手;18.望远镜微动螺旋;19.基座固定螺丝

2.DJ₆经纬仪的构造及作用

经纬仪的构造主要由照准部、水平度盘和基座三部分组成。

(1)照准部

照准部的主要部件有望远镜、管水准器、竖直度盘、读数设备等。望远镜由物镜、目镜、十字丝分划板、调焦透镜组成。

望远镜的主要作用是照准目标,望远镜与横轴固连在一起,由望远镜制动螺旋和微动螺旋控制其作上下转动。照准部可绕竖轴在水平方向上转动,由照准部制动螺旋和微动螺旋控制其水平转动。

照准部水准管用于精确整平仪器。

竖直度盘是为了测竖直角而设置的,可随望远镜一起转动。另设竖盘指标自动补偿器装置和开关,借助自动补偿器使读数指标处于正确位置。

读数设备,通过一系列光学棱镜将水平度盘和竖直度盘及测微器的分划都显示在读数显微镜内,通过仪器反光镜将光线反射到仪器内部,以便读取度盘读数。

另外为了能将竖轴中心线安置在过测站点的铅垂线上,在经纬仪上都设有对点装置。一般光学经纬仪都设置有垂球对点装置或光学对点装置,垂球对点装置是在中心螺旋下面装有垂球挂钩,将垂球挂在钩上即可;光学对点装置是通过安装在旋转轴中心的转向棱镜,将地面点成像在对点分划板上,通过对中目镜放大,同时看到地面点和对点分划板的影像,若地面点位于对点分划板刻划中心,并且水准管气泡居中,则说明仪器中心与地面点位于同一铅垂线上。

(2)水平度盘

水平度盘是一个光学玻璃圆环,圆环上按顺时针刻划注记 0°～360°分划线,主要用来测量水平角。观测水平角时,经常需要将某个起始方向的读数配置为预先指定的数值,称为水平度盘的配置。水平度盘的配置机构有复测机构和拨盘机构两种类型,北光仪器采用的是拨盘机构,当转动拨盘机构变换手轮时,水平度盘随之转动,水平读数发生变化,而照准部不动,当压住度盘变换手轮下的保险手柄时,可将度盘变换手轮向里推进并转动,即可将度盘转动到需要的读数位置上。

(3)基座

主要由轴座、圆水准器、脚螺旋和连接板组成,基座是支承仪器的底座,照准部同水平度盘一起插入轴座,用固定螺丝固定。圆水准器用于粗略整平仪器,三个脚螺旋用于整平仪器,从而使竖轴竖直,水平度盘水平。连接板用于将仪器稳固在三脚架上。

3.分微尺装置的读数方法

如图 2-16 所示,DJ″₆ 级光学经纬仪一般采用分微尺读数。在读数显微镜内,可以同时看到水平度盘和竖直度盘的影像。注有"H"字样的是水平度盘,注有"V"字样的是竖直度盘,在水平度盘和竖直度盘上,相邻两分划线间的弧长所对的圆心角称为度盘的分划值。DJ''_6 经纬仪分划值为 1°,按顺时针方向注有度数,小于 1°的读数在分微尺上读取。读数窗内的分微尺有 60 小格,其长度等于度盘上间隔为 1°的两根分划线在读数窗中的影像长度。因此,测微尺上一小格的分划值为 $1'$,可估读到 $0.1'$,分微尺上的 0 分划线为读数指标线。

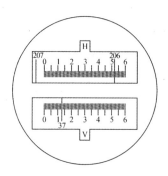

图 2-16 分微尺读数窗

读数方法:瞄准目标后,将反光镜掀开,使读数显微镜内光线适中,然后转动、调节读数窗口的目镜调焦螺旋,使分划线清晰,并消除视差,直接读取度盘分划线注记读数及分微尺上 0 指标线到度盘分划线读数,两数相加,即得该目标方向的度盘读数,分微尺读数方法简单、直观。如图 2-16 所示,水平盘读数为 $206°52.0'$,竖盘读数 $37°13.0'$。

二、DJ₂ 型光学经纬仪

1. DJ₂ 经纬仪各部件的名称

图 2-17 所示是北京光学仪器厂生产的 TDJ₂ 型光学经纬仪。

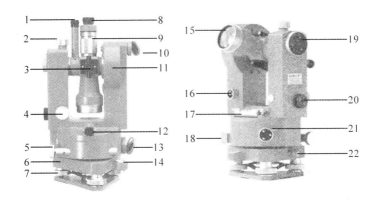

图 2-17 DJ₂型光学经纬仪

1.读数目镜;2.望远镜制动螺旋;3.粗瞄器;4.望远镜微动螺旋;5.照准部微动螺旋;6.基座;7.脚螺旋;8.目镜;9.物镜对光螺旋;10.竖盘照明反光镜;11.竖直度盘;12.对中目镜;13.水平盘照明反光镜;14.圆水准器;15.物镜;16.竖盘补偿器开关;17.管状水准器;18.照准部制动螺旋;19.测微轮;20.换像手轮;21.拨盘手轮;22.固定螺丝

2.读数装置

在读数窗内一次只能看到一个度盘的影像。读数时,可通过转动换像手轮,转换所需要的度盘影像,以免读错度盘。当手轮面上,刻线处于水平位置时,显示水平度盘影像;当刻线处于竖直位置时,显示竖直度盘影像。

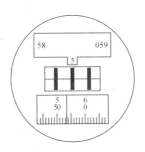

图 2-18 DJ₂型光学经纬仪数字化读数窗

采用数字式读数装置使读数简化,如图 2-18 所示,上窗数字为度数,读数窗上突出小方框中所注数字为整 $10'$,中间的小窗为分划线符合窗,下方的小窗为测微器读数窗,读数时瞄准目标后,转动测微轮使度盘对径分划线重合,度数由上窗读取,整 $10'$ 数由小方框中数字读取,小于 $10'$ 的由下方小窗中读取,如图 2-18 所示,读数为 $58°55'53.5''$。

第四节 经纬仪的使用

经纬仪最基本的功能是测取水平角和竖直角,为此,必须首先将经纬仪安置在测站上,然后瞄准目标进行读数,经过计算获得其角值,因此,经纬仪的使用主要包括:经纬仪的安置、瞄准和读数。

一、经纬仪的安置

1.对中

对中的目的是使仪器的中心与测站点的中心位于同一铅垂线上,可以使用垂球或光学对点器对中。

2.整平

整平的目的是使仪器的竖轴处于铅垂位置,水平度盘处于水平状态,经纬仪的整平是通过调节脚螺旋,以照准部水准管为标准进行的。

3.光学对点器的经纬仪安置

对于具有光学对点器的经纬仪,其对中和整平是互相影响的,应交替进行直至对中、整平均满足要求为止。

具体操作方法如下:

1)将三脚架安置于测站点上,目估使架头大致水平,同时注意仪器高度要适中,安上仪器,拧紧中心螺旋,转动目镜调整螺旋使对点器中心圈清晰,再拉伸镜筒,使测站点成像清晰,然后将一个架腿插入地面固定,用两手握住另外两个架腿,并移动这两个架腿,直至测站点的中心位于圆圈的内边缘处或中心,停止转动脚架并将其踩实。注意基座面要基本水平。

2)调节脚螺旋,使测站点中心处于圆圈中心位置。

3)伸缩架腿,使圆气泡居中。

4)调节脚螺旋,使水准管气泡居中。

整平是利用基座上的三个脚螺旋,使照准部水准管在相互垂直的两个方向上气泡都居中,具体做法为转动仪器照准部,使水准管平行于任意两个脚螺旋的连线方向,如图 2-19(a)所示,两手同时向内或向外旋转这两个(1、2)脚螺旋,使气泡居中,然后将照准部旋转 90°,调节第 3 个脚螺旋,使气泡居中,如图 2-19(b)所示。如此反复进行,直至照准部水准管在任意位置气泡均居中为止。

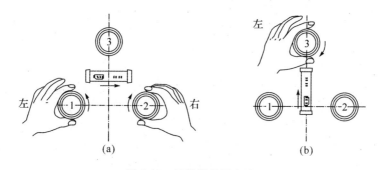

图 2-19　经纬仪整平方法

5)检查测站点是否位于圆圈中心,若相差很小,可轻轻平移基座,使其精确对中(注意仪器不可在基座面上转动),如此反复操作直到仪器的对中和整平均满足要求为止。

4.照准和读数

测角时要照准目标,目标一般是竖立于地面上的标杆、测钎或觇牌。测水平角时,用望远镜的十字丝的纵丝照准目标,操作方法是用光学瞄准器粗略瞄准目标,进行目镜对光,使十字丝清晰,调节物镜对光螺旋,使成像清晰,并注意消除视差的影响。准确照准目标的方法如图 2-20 所示,使十字丝的纵丝和垂线重合、用十字丝纵线平分垂线。若是标杆、测钎等粗目标,用十字丝的单丝平分目标,目标位于双丝中央。最后按照前面所述的读数方法进行读数。

图 2-20　经纬仪十字丝照准目标

二、对点

测点通常以打入地面木桩上的小钉作为标志,测量时,由于距离远、地面起伏及植被的遮挡,不能直接从望远镜观看到小钉,需要用线铊、测钎、花杆、铅笔竖立在小钉的铅垂线上供仪器照准,这项工作称为对点。对点的方法一般有三种,花杆对点法、测钎对点法和线铊对点法。应根据距离选用合适的方法。

1.花杆对点

一般用于远距离对点(经验数据约为 500m),对点时花杆应竖直,对点者端正的面向司镜者,两脚分开与肩平齐,手握花杆上半截,这样可使花杆依靠自重直立于桩上测点,并使花杆铁尖离开铁钉少许,以保证对点正确。

2.测钎或铅笔对点

如图 2-21(a)所示,这种方法一般在地面平坦,没有杂草阻碍视线,从望远镜中能直接看到测钎或铅笔尖时使用,测钎或铅笔尖要竖直。因目标为深色,在光线较暗,距离较远时往往模糊不清,可在测钎后方用白纸衬托,从而使照准目标清晰。

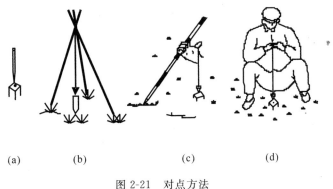

　　(a)　　　　　　(b)　　　　　　　　(c)　　　　　　　　(d)

图 2-21　对点方法

3.线铊对点

线铊对点是施工现场最常用、最准确的方法,介绍以下几种常用方法。

1）使用线铊架对点

如图 2-21(b)所示,简易线铊架制作方法:将三根细竹竿上端用细绳捆扎,杈开下端即成,中间吊一线铊,移动竹竿使线铊尖对准测点。此法准确、平稳,用于对点次数较多的点。

2）单手吊挂线铊对点

将花杆斜插在测站与测点连线方向的一侧(左或右)30～50cm 的地上,使花杆与地面成约 45°交角,用手的四指夹握在花杆上,用拇指吊挂线铊,使线铊尖对准桩上小钉,如图 2-21(c)所示。对点时思想要集中,身体要站稳,为了防止线铊摆动,照准垂线一刹那,应全神贯注,暂屏呼吸,司镜者迅速照准垂线。

3）两手合执线铊对点

面对仪器坐在测点后方,两肘放在两膝上,两手合执线铊弦线,使线铊尖对准桩上小钉,如图 2-21(d)所示,对准测点中心的瞬间应全神贯注,暂屏呼吸,防止垂线摆动。

第五节　水平角的观测

水平角的测量方法是根据测量工作的精度要求、观测目标的多少及所用仪器的型号而定,一般有测回法和方向观测法两种。

一、测回法

测回法适用于在一个测站有两个观测方向的水平角观测,如图 2-22 所示,设要观测的水平角为∠AOB,先在目标点 A、B 设置观测标志,在测站点 O 安置经纬仪,然后分别瞄准 A、B 两目标点进行读数,水平度盘两个读数之差即为要测的水平角,为了消除水平角观测中的某些误差,通常对同一角度要进行盘左盘右两个盘位观测(观测者对着望远镜目镜时,竖盘位于望远镜左侧,称盘左或正镜,当竖盘位于望远镜右侧时,称盘右或倒镜)。盘左位置观测,称为上半测回;盘右位置观测,称为下半测回,上、下两个半测回合称为一个测回。

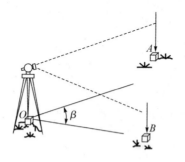

图 2-22　测回法测水平角

具体步骤:

1）安置仪器于测站点 O 上,对中、整平。

2）盘左位置瞄准 A 目标,读取水平度盘读数为 a_1,设为 0°04′30″记入记录手簿表盘左 A 目标水平读数一栏,如表 2-2 所示。

表 2-2　水平角观测记录(测回法)

测站	目标	盘位	水平度盘读数	角 值	平均角值	备注
O	A	左	0°04′30″	95°18′18″	95°18′17″	
	B		95°22′48″			
	A	右	180°04′42″	95°18′16″		
	B		275°22′58″			

3)松开制动螺旋,顺时针方向转动照准部,瞄准 B 点,读取水平度盘读数为 b_1 ,设为 95°22′48″,记入记录手簿表盘左 B 目标水平读数一栏;此时完成上半个测回的观测,即:

$$\beta_左 = b_1 - a_1 \tag{2-3}$$

4)松开制动螺旋,倒转望远镜成盘右位置,瞄准 B 点,读取水平度盘的读数为 b_2 ,设为 275°22′58″,记入记录手簿表盘右 B 目标水平读数一栏。

5)松开制动螺旋,逆时针方向转动照准部,瞄准 A 点,读取水平度盘读数为 a_2 ,设为 180°04′42″,记入记录手簿表盘右 A 目标水平读数一栏;此时完成下半个测回观测,即:

$$\beta_右 = b_2 - a_2 \tag{2-4}$$

上、下半测回合称为一个测回,取盘左、盘右所得角值的算术平均值作为该角的一测回角值,即:

$$\beta = \frac{\beta_左 + \beta_右}{2} \tag{2-5}$$

测回法的限差规定:①两个半测回角值限差;②各测回角值限差。对于精度要求不同的水平角,有不同的规定限差。《铁路测量规范》规定水平角观测的规定限差如表 2-3 所列。当要求提高测角精度时,往往要观测 n 个测回,每个测回可按变动值概略公式 $\frac{180°}{n}$ 的差数改变度盘起始读数,其中 n 为测回数。例如测回数 n=4,则各测回的起始方向读数应等于或略大于 0°、45°、90°、135°,这样做的主要目的是为了减小度盘刻划不均匀造成的误差。

表 2-3　水平角角值限差

仪器类型	两半测回间角值限差	各测回间角值限差
DJ₆	30″	20″
DJ₂	20″	15″

二、方向观测法

当一个测站有三个或三个以上观测方向时,应采用方向观测法进行水平角观测,方向观测法是以所选定的起始方向(零方向)开始,依次观测各方向相对于起始方向的水平角值,也称方向值。两任意方向值之差,就是这两个方向之间的水平角值。如图 2-23 所示,有 5 个观测方向,需采用方向观测法进行观测,现就其观测、记录、计算及精度要求作如下介绍。

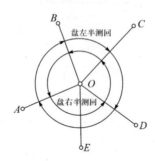

图 2-23　方向法观测方法

1. 观测步骤

1)安置经纬仪于测站点 O,对中、整平;

2)盘左位置瞄准起始方向(也称零方向)A 点,使水平度盘读数使略大于零。转动测微轮使对经分划吻合,读取 A 方向水平度盘读数,同样以顺时针方向转动照准部,依次瞄准 B、C、D、E 点读数,为了检查水平度盘在观测过程中有无带动,最后再一次瞄准 A 点读数,称为归零。

每一次照准要求测微器两次重合读数,将方向读数按观测顺序自上而下记入观测记录手簿表,如表 2-4 所示。

以上称为上半个测回。

3)盘右位置瞄准 A 点读取水平度盘的读数,逆时针方向转动照准部,依次瞄准 E、D、C、B、A 点,将方向读数按观测顺序自下而上记入观测记录手簿表,如表 2-4 所示。

以上称为下半个测回。

上、下半测回合称为一个测回。需要观测多个测回时,各测回间应按 $\dfrac{180^\circ}{n}$ 变换度盘位置。精密测角时,每个测回照准起始方向时,应改变度盘和测微盘位置的读数,使读数均匀分布在整个度盘和测微盘上。安置方法:照准目标后,用测微轮安置分、秒数,转动拨盘手轮安置整度及整 $10'$ 的数。然后将拨盘手轮弹起即可。例如用 DJ₂ 级仪器时,各测回起始方向的安置读数按下式计算:

$$R=\frac{180^\circ}{n}(i-1)+10'(i-1)+\frac{600''}{n}\left(i-\frac{1}{2}\right) \tag{2-6}$$

式中:n ——总测回数;

　　i ——该测回序数。

表 2-4　水平角观测记录（方向观测法）

1	2	3		4	5	6	7	8	9	10
目标	盘值	度盘读数			$\frac{\text{I}+\text{II}}{2}$	2c	正倒镜平均值	起始方向	各测回归零方向值	备注
		Ⅰ测回		Ⅱ测回						
		° ′ ″		″	″	″	° ′ ″	° ′ ″	° ′ ″	
A	左	00 00 50		51	50.5	−1.5	00 00 51.3	00 00 50.8	00 00 00	
	右	180 00 52		52	52.0					
B	左	35 14 56		55	55.5	−2.0	35 14 56.5		35 14 05.7	
	右	215 14 58		57	57.5					
C	左	100 24 14		12	13.0	2.5	100 24 11.8		100 23 21.0	
	右	280 24 10		11	10.5					
D	左	224 06 37		39	38.0	−1.5	224 06 38.8		224 05 48.0	
	右	44 06 40		39	39.5					
E	左	301 01 21		22	21.5	4.0	301 01 19.5		301 00 28.7	
	右	121 01 17		18	17.5					
A	左	00 00 48		50	49.0	−2.5	00 00 50.2			
	右	180 00 51		52	51.5					

注：4、5、6 列省略的角、分值与对应 3 列中角、分值相同。

2. 计算方法与步骤

1）测微器重合读数之差：表 2-4 第 3、4 列的秒数差应不超过规定限差，大于限差则超限。如 A 方向 50″、51″的差值为 1″，符合限差要求，取平均值填写在第 5 列。

2）半测回归零差：盘左 50.5″−49.0″＝1.5″，盘右 52.0″−51.5″＝0.5″。

3）计算同一方向上 2c 误差：2c＝盘左读数−（盘右读数±180°）

例：表 2-4 第 5 列盘左与盘右之差，A 方向 2c＝00°00′50.5″−（180°00′52.0″−180°）＝−1.5″。

4）计算一个测回各方向的正倒镜平均读数：平均读数＝1/2［盘左读数＋（盘右读数±180°）］。

例：A 方向平均读数＝1/2［00°00′50.5″＋（180°00′52.0″−180°）］＝00°00′51.3″

5）计算起始方向值：第 7 栏两个 A 方向的平均值 1/2（00°00′51.3″＋00°00′50.3″）＝00°00′50.8″，填写在第 8 列。

6）计算归零后方向值：各方向平均读数减起始方向平均读数。

例：B 方向归零方向值＝35°14′56.5″−00°00′50.8″＝35°14′05.7″。

3. 精度要求（表 2-5）

1）光学测微器两次重合读数之差：每一次照准，测微器两次重合读数之差值在限差以内时，取其平均值作为该次照准的读数。

2)半测回归零差:两次观测零方向之差值,在限差以内时,取其平均值作为起始方向值。

3)一测回 $2c$ 值变动范围: $2c$ 即为 2 倍的照准差,测规对 $2c$ 值规定了各方向之间互差的限差。

4)各测回同一方向值互差:例如观测为 4 个测回,各测回的 B 方向归零方向值间的差值。

表 2-5　方向观测法的限差

等级	仪器型号	光学测微器 两次重合读数之差	半测回归零差	一测回中 $2c$ 值变动范围	各测回同一 方向值互差
四等及以上	DJ₁	1″	6″	9″	6″
	DJ₂	3″	8″	13″	10″
一级及以下	DJ₂		12″	18″	12″
	DJ₆		18″		24″

第六节　竖直角测量

一、竖直度盘的构造

竖直度盘是固定安装在望远镜旋转轴(横轴)的一端,其刻划中心与横轴的旋转中心重合,所以在望远镜作竖直方向旋转时,度盘也随之转动。分微尺的零分划线作为读数指标线相对于转动的竖盘是固定不动的。根据竖直角的测量原理,竖直角 α 是视线读数与水平线的读数之差,水平方向线的读数是固定数值,所以当竖盘转动在不同位置时用读数指标读取视线读数,就可以计算出竖直角。

竖直度盘的刻划有全圆顺时针和全圆逆时针两种,如图 2-24 所示,(a)图为全圆逆时针方向注字,(b)图为全圆顺时针方向注字。当视线水平时,指标线所指的盘左读数为 90°,盘右为 270°。对竖盘指标的要求是,始终能够读出与竖盘刻划中心在同一铅垂线上的竖盘读数。为了满足这个要求,早期的光学经纬仪多采用水准管竖盘结构,这种结构将读数指标与竖盘水准管固连在一起,转动竖盘水准管定平螺旋,使气泡居中,读数指标处于正确位置,可以读数。现代的仪器则采用自动补偿器竖盘结构,这种结构是借助一组棱镜的折射原理,自动使读数指标处于正确位置,也称为自动归零装置,整平和瞄准目标后,能立即读数,因此操作简便,读数准确,速度快。

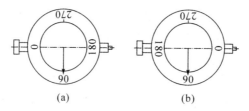

图 2-24　竖直度盘注记形式

二、竖直角观测

竖直角观测步骤：

1）安置仪器于测站点 O，对中、整平后，打开竖盘自动归零装置；

2）盘左位置瞄准 A 点，用十字丝横丝照准或相切目标点，读取竖直度盘的读数 L，设为 $80°04'12''$，记入观测记录手簿（表2-6），这样就完成了上半个测回的观测；

3）将望远镜倒镜变成盘右，瞄准 A 点读取竖直度盘的读数 R，设为 $279°55'42''$ 记入观测手簿，这样就完成了下半个测回的观测；

上、下半测回合称为一个测回，根据需要进行多个测回的观测。

表 2-6　竖直角观测记录

测站	测点	盘位	竖盘读数 ° ′ ″	半测回角值 ° ′ ″	一测回角值 ° ′ ″	指标差
O	A	左	$80°04'12''$	$9°55'48''$	$9°55'45''$	$+3''$
		右	$279°55'42''$	$9°55'42''$		

三、竖直角的计算

竖直角是指某一方向与其在同一铅垂面内的水平线所夹的角度，因而视线方向读数与水平线读数之差即为竖直角值。其水平线读数为一固定值，实际只需观测目标方向的竖盘读数。度盘的刻划注记形式不同，用不同盘位进行观测，视线水平时读数不相同，因此应根据不同度盘的刻划注记形式相对应的计算公式计算所测目标的竖直角。下面以顺时针方向注记形式说明竖直角的计算方法及如何确定计算式。

如图 2-25（a）所示，盘左位置，视线水平时读数为 $90°$。如图 2-25（b）望远镜上仰视线向上倾斜，指标处读数减小，根据竖直角定义仰角为正，则盘左时竖直角计算公式为式（2-7），如果 $L>90°$，竖直角为负值，表示是俯角。

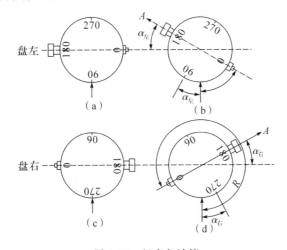

图 2-25　竖直角计算

如图 2-25(c)所示,盘右位置,视线水平时读数为 270°。如图 2-25(d)望远镜上仰,视线向上倾斜,指标处读数增大,根据竖直角定义仰角为正,则盘右时竖直角计算公式为式(2-8),如果 $R < 270°$,竖直角为负值,表示是俯角。

$$\alpha_L = 90° - L \tag{2-7}$$

$$\alpha_R = R - 270° \tag{2-8}$$

式中:L —— 盘左竖盘读数;

    R —— 盘右竖盘读数。

为了提高竖直角精度,取盘左、盘右的平均值作为最后结果。即:

$$\alpha = \frac{\alpha_L + \alpha_R}{2} = \frac{1}{2}(R - L - 180°) \tag{2-9}$$

同理可推出全圆逆时针刻划注记的竖直角计算公式为:

$$\alpha_L = L - 90° \tag{2-10}$$

$$\alpha_R = 270° - R \tag{2-11}$$

四、竖盘指标差

上述竖直角计算公式是依据竖盘的构造和注记特点,即视线水平,竖盘自动归零时,竖盘指标应指在正确的读数 90°或 270°上,但因仪器在使用过程中受到震动或者制造时不严密,使指标位置偏移,导致视线水平时的读数与正确读数有一个差值,此差值称为竖盘指标差,用 x 表示,如图 2-26 所示。由于指标差存在,盘左读数和盘右读数都差了一个 x 值。正确的竖直角应对竖盘读数进行指标差改正。由图 2-26 可知,竖直角计算公式为式(2-12)、式(2-13)。

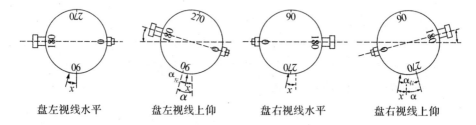

| 盘左视线水平 | 盘左视线上仰 | 盘右视线水平 | 盘右视线上仰 |

图 2-26 竖盘指标差

盘左竖直角值:

$$\alpha = 90° - (L - x) = \alpha_L + x \tag{2-12}$$

盘右竖直角值:

$$\alpha = (R - x) - 270° = \alpha_R - x \tag{2-13}$$

将式(2-12)与式(2-13)相加并除以 2 得:

$$\alpha = \frac{\alpha_L + \alpha_R}{2} = \frac{L - R + 180°}{2} \tag{2-14}$$

用盘左、盘右测得竖直角取平均值,可以消除指标差的影响。

将式(2-12)与式(2-13)相减得指标差计算公式:

$$x = \frac{\alpha_L - \alpha_R}{2} = \frac{1}{2}(L + R - 360°) \tag{2-15}$$

用单盘位观测时,应加指标差改正,才可以得到正确的竖直角。当指标偏移方向与竖盘注记的方向相同时指标差为正,反之为负。

以上各公式是按顺时针方向注记形式推导的,同理可推出逆时针方向注记形式计算公式。

由上述可知测量竖直角时,盘左盘右观测取平值可以消除指标差对竖直角的影响。理论上,同一台仪器的指标差,在短时间内为定值,即使受外界条件变化和观测误差的影响,也不会有大的变化。因此在精度要求不高时,先测定 x 值,以后观测时可以用单盘位观测,加指标差改正得到正确的竖直角。

在竖直角测量中,常以指标差检验观测成果的质量,即在不同的测回中或观测不同的目标时,指标差的互差不应超过规定的限制,例如用 DJ$_6$ 级经纬仪做一般工作时,指标差互差不应超过 $25''$。

【**例 2-1**】　用 TDJ$_6$ 经纬仪观测一点 A,盘左、盘右测得的竖盘读数如表 2-6 竖盘读数一栏,计算观测点 A 的竖直角和竖盘指标差。

由公式(2-10)、(2-11)得半测回角值:

$$\alpha_L = 90° - L = 90° - 80°04'12'' = 9°55'48''$$

$$\alpha_R = R - 270° = 279°55'42'' - 270° = 9°55'42''$$

由公式(2-14)得一测回角值:

$$\alpha = \frac{\alpha_L + \alpha_R}{2} = \frac{9°55'48'' + 9°55'42''}{2} = 9°55'45''$$

由公式(2-15)得竖盘指标差:

$$x = \frac{\alpha_L - \alpha_R}{2} = \frac{9°55'48'' - 9°55'42''}{2} = +3''$$

第七节　经纬仪的检验和校正

一、经纬仪各轴线间应满足的几何关系

经纬仪是根据水平角和竖直角的测角原理制造的,当水准管气泡居中时,仪器旋转轴竖直、水平度盘水平,因此要求水准管轴垂直竖轴。测水平角要求望远镜绕横轴旋转为一个竖直面,就必须保证视准轴垂直横轴。另一点保证竖轴竖直时,横轴水平,因此要求横轴垂直竖轴。照准目标使用竖丝,只有横轴水平时竖丝竖直,则要求十字丝竖丝垂直横轴。为使测角达到一定精度,仪器其他状态也应达到一定标准。综上所述,经纬仪应满足的基本几何关系如图 2-27 所示。

①照准部水准管轴应垂直于竖轴;$LL \perp VV$

②十字丝竖丝应垂直于横轴;

③视准轴应垂直于横轴;$CC \perp HH$

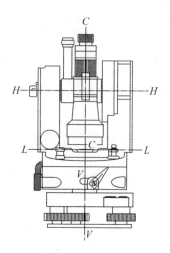

图 2-27　经纬仪的轴线

④横轴应垂直于竖轴；$HH \perp VV$

⑤竖盘指标应处于正确位置；

⑥光学对中器视准轴应该与竖轴中心线重合。

上述这些条件在仪器出厂时一般都能满足，但由于长期使用或搬动过程中受震动影响，以上关系会发生改变，所以要经常对仪器进行检验和校正或按施工规定送检。

二、经纬仪的检验和校正

1. 照准部水准管轴的检验和校正

目的：使水准管轴垂直于竖轴。

检验方法：

1）调节脚螺旋，使水准管气泡居中；

2）将照准部旋转 180°看气泡是否居中，如果仍然居中，说明满足条件，无需校正，否则需要进行校正。

校正方法：

1）在检验的基础上调节脚螺旋，使气泡向中心移动偏移量的一半。

2）用拨针拨动水准管一端的校正螺旋，使气泡居中。

此项检验和校正需反复进行，直到气泡在任何方向的偏离值都在 1/2 格以内。另外，经纬仪上若有圆水准器，也应对其进行检校，当管水准器校正完善并对仪器精确整平后，圆水准器的气泡也应该居中，如果不居中，应拨动其校正螺丝使其居中。

2. 十字丝的检验和校正

目的：使十字丝的竖丝垂直于横轴。

检验方法：

1）精确整平仪器，用竖丝的一端瞄准一个固定点，旋紧水平制动螺旋和望远镜制动螺旋。

2)转动望远镜微动螺旋,观察".",点,是否始终在竖丝上移动,若始终在竖丝上移动,如图 2-28(a)所示,说明满足条件,否则需要进行校正,如图 2-28(b)所示。

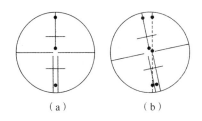

图 2-28 十字丝检验

校正方法:

1)拧下目镜前面十字丝的护盖,松开十字丝环的压环螺丝;

2)转动十字丝环,使竖丝到达竖直位置,然后将松开的螺丝拧紧。

此项检验校正工作需反复进行。

3.视准轴的检验和校正

目的:使视准轴垂直于仪器横轴,若视准轴不垂直于横轴,则偏差角为 c ,称之为视准轴误差,视准轴误差的检验与校正方法,通常有度盘读数法和标尺法两种。

(1)度盘读数法

检验方法:

1)安置仪器,盘左瞄准远处与仪器大致同高的一点 A ,读水平度盘读数为 b_1 ;

2)倒转望远镜,盘右再瞄准 A 点,读水平度盘读数为 b_2 ;

3)若 $b_1 - b_2 = \pm 180°$ 则满足条件,无需校正,否则需要进行校正。

校正方法:

1)转动水平微动螺旋,使度盘读数对准正确的读数 b 。

$$b = \frac{1}{2} \left[b_1 + (b_2 \pm 180°) \right] \qquad (3\text{-}15)$$

2)用拨针拨动十字丝环左右校正螺丝,使十字丝竖丝瞄准 A 点。

上述方法简便,在任何场地都可以进行,但对于单指标读数 DJ$_6$ 级经纬仪,仅在水平度盘无偏心或偏心差影响小于估读误差时才有效,否则将得不到正确结果。

(2)标尺法

检验方法:

如图 2-29(a)所示,选择长度约为 100m 较平坦的场地,安置仪器于中点 O ,在 A 点与仪器同高处设置标志,在 B 点同高处横放一根水准尺,使其垂直于 OB 视线。

1)盘左位置瞄准 A 点,旋紧水平制动螺旋,倒转望远镜成盘右位置,在尺上读数为 B_1 ;

2)盘右位置瞄准 A 点,旋紧水平制动螺旋,倒转望远镜成盘左位置,在尺上读数为 B_2 ,若 $B_1 = B_2$,即两读数相等,则说明满足条件无需校正,否则需要进行校正。

校正方法:

如图 2-29(b)所示,B_1、B_2 两个读数之差所对的角度为 $4c$,所以校正时只要校正一个

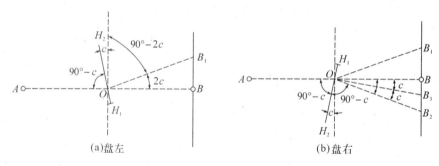

图 2-29 视准轴检验

c 角,取 B_2B_1 的四分之一,得内分点 B_3。则 OB_3 的方向与横轴垂直。用拨针拨动十字丝左右两个校正螺丝,使十字丝竖丝对准 B_3 点即可,此项检验也需反复进行,直到符合要求为止。

4.横轴的检验和校正

目的:使横轴垂直于竖轴。

检验方法:

1)如图 2-30 所示,在离墙 $10\sim20$ m 处安置经纬仪,以盘左瞄准墙面高处的一点 M(其仰角大于 $30°$)固定照准部,然后放平望远镜(通过度盘读数)在墙面上定出十字丝交点 m_1;

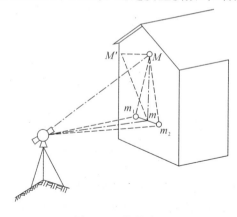

图 2-30 横轴检验

2)盘右瞄准 M 点,放平望远镜,在墙面上定出十字丝交点 m_2,如果 m_1 点和 m_2 点重合,说明满足条件无须校正,否则需要进行校正。

光学经纬仪的横轴大都是密封的,只需对此项条件进行检验,若需要校正须由专门检定机构进行。

5.竖盘指标差的检验和校正

目的:使竖盘指标处于正确位置。

检验方法:

1)仪器整平后,盘左瞄准 A 目标,读取竖盘读数为 L,并计算竖直角 α_L;

2)盘右瞄准 A 目标,读取竖盘读数为 R,并计算竖直角 α_R;

如果 $\alpha_L = \alpha_R$，则不需校正，否则需要进行校正。由于现在的经纬仪都具有自动归零补偿器，此项校正应由仪器检修人员进行。

6.光学对中器的检验和校正

目的:使光学对中器的视准轴与仪器的竖轴中心线重合。

检验方法:

1)严格整平仪器,在脚架的中央地面上放置一张白纸,在白纸上画一"十"字形标志 a_1；

2)移动白纸,使对中器视场中的小圆圈对准标志;

3)将照准部水平方向转动180°。

如果小圆圈中心仍对准标志,说明满足条件,不需校正;如果小圆圈中心偏离标志,得到另一点 a_2，则说明不满足条件,需要进行校正。

校正方法:

定出 a_1、a_2 两点的中点 a，用拨针拨对中器的校正螺丝,使小圆圈中心对准 a 点,这项校正一般由仪器检修人员进行。

必须注意,这6项检验与校正的顺序不能颠倒,而且水准管轴垂直于竖轴是其他几项检验与校正的基础,若不满足这一条件,其他几项检校就不能进行。因为竖轴倾斜引起的测角误差不能用盘左、盘右观测加以消除,所以这项检验校正必须认真进行。

第八节　角度测量的误差来源及注意事项

角度测量的精度受各方面的影响,误差主要来源于三个方面:仪器误差、观测误差及外界环境产生的误差。

1.仪器误差

仪器本身制造不精密、结构不完善导致的误差,及检校后的残余误差,如照准部的旋转中心与水平度盘中心不重合而产生的误差、视准轴不垂直于横轴的误差、横轴不垂直于竖轴的误差。此三项误差都可以采用盘左、盘右两个位置取平均数来减弱。度盘刻划不均匀的误差可以采用变换度盘位置的方法来消除。竖轴倾斜误差,此项误差对水平角观测的影响不能采用盘左、盘右取平均数来减弱,观测目标越高,影响越大,因此在山地测量时更应严格整平仪器。

2.观测误差

(1)对中误差

安置经纬仪没有严格对中,使仪器中心与测站中心不在同一铅垂线上引起的角度误差,称对中误差。如图2-31所示,仪器中心 o' 在安置仪器时偏离测站点中心 o 的距离为 e，则实测水平角 β' 与正确的水平角 β 之间的关系为:

$$\beta = \beta' + \varepsilon_1 + \varepsilon_2 \qquad (2\text{-}17)$$

设仪器对中误差对水平角的影响为 $\Delta\beta = \varepsilon_1 + \varepsilon_2$，从图2-31中可见,对中误差与两点间距离、角度大小有关,当观测方向与偏心方向越接近90°，A、B 间距离越短。偏心距 e 越大,对水平角的影响越大。为了减少此项误差的影响,在测角时,应提高对中精度。

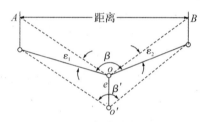

图 2-31　仪器对中误差

（2）目标偏心误差

在测量时，照准目标往往不是直接瞄准地面点上的标志点本身，而是瞄准标志点上的目标，要求照准点的目标应严格位于点的铅垂线上，若安置目标偏离地面点中心或目标倾斜，照准目标的部位偏离照准点中心的大小称为目标偏心误差。目标偏心误差对观测方向的影响与偏心距和边长有关，偏心距越大、边长越短，影响也就越大。因此照准花杆目标时，应尽可能照准花杆底部，当测角边长较短时，应当用线铊对点。

（3）照准误差和读数误差

照准误差与望远镜放大率、人眼分辨率、目标形状、光亮程度、对光时是否消除视差等因素有关。测量时选择的观测目标要清晰，仔细操作消除视差。读数误差与读数设备、照明及观测者判断准确性有关。读数时，要仔细调节读数显微镜，使读数窗的光亮适中。掌握估读小数的方法。

3.外界环境

外界环境的影响因素很多，也很复杂，如温度、风力、大气折光等因素均会对角度观测产生影响，为了减小误差的影响，应选择有利的观测时间，避开不利因素，如：在晴天观测时应撑伞遮阳，防止仪器暴晒，最好不要在中午时观测。

复习思考题

1.什么叫水平角？什么叫竖直角？

2.叙述 DJ_6 级经纬仪分微尺读数方法。

3.经纬仪照准部制动螺旋、微动螺旋，望远镜制动螺旋、微动螺旋各有什么作用？

4.经纬仪对中、整平的目的是什么？

5.叙述测回法测水平角的方法及步骤。

6.叙述方向观测法的观测步骤。

7.表 2-7 为测回法测水平角的记录，计算水平角值并衡量其精度是否合格？

8.表 2-8 为方向观测法记录，计算各方向值并进行检核计算。

9.表 2-9 为竖直角观测记录，计算竖直角角值。

10.经纬仪有哪些主要轴线，应满足的几何条件是什么？

11.角度测量用盘左、盘右观测同一水平角取平均值能消除哪些误差？

表 2-7　测回法测水平角的记录

测站	目标	盘位	水平度盘读数	半测回角值	一测回角值	备注
O	A	左	334°17′18″			
	B		47°02′12″			
	A	右	154°18′06″			
	B		227°02′42″			

表 2-8　方向观测记录

1	2	3	4	5	6	7	8	9	10
目标	盘位	度盘读数		$\dfrac{\text{I}+\text{II}}{2}$	2c	正倒镜平均值	起始方向	各测回归零方向值	备注
		I 测回	II 测回						
		° ′ ″	″	″	″	° ′ ″	° ′ ″	° ′ ″	
A	左	0 02 06	04						
	右	180 02 16	18						
B	左	37 44 12	14						
	右	217 44 12	14						
C	左	110 29 06	07						
	右	290 28 54	56						
D	左	150 15 04	07						
	右	330 14 56	58						
A	左	0 02 07	09						
	右	180 02 20	22						

表 2-9　竖直角观测记录（全圆顺时针注记）

测站	测点	盘位	竖盘读数 ° ′ ″	半测回角值 ° ′ ″	一测回角值 ° ′ ″	指标差
O	A	左	72°17′48″			
		右	287°42′00″			

第九节　全站仪

一、全站仪的基本结构

全站型电子速测仪简称全站仪,由光电测距仪、电子经纬仪和数据处理系统组合而成。

全站仪包含水平角测量系统、竖直角测量系统、水平补偿系统和测距系统四大光电系统。

全站仪全部功能如下：

1）测角部分相当于电子经纬仪，可以测定水平角、竖直角和进行角度设置；

2）测距部分相当于光电测距仪，测定测站点与目标点的斜距，并通过数据处理解算平距和高差；

3）数据处理系统可以接收指令，分配各种观测作业，进行数据运算，并提供数据存储功能；

4）输入、输出设备包括键盘、显示屏和数据线接口，使全站仪和微机等设备交互通讯数据，形成内外一体的测绘系统。

二、全站仪的主要测量功能

全站仪作为光电技术的最新产物，可以完成角度测量、距离测量、坐标测量、放样测量、对边测量、交会测量、面积测量、悬高测量等十多项测量工作，这里仅介绍与工程建筑有关的主要功能。

1. 水平角测量

全站仪测角系统是利用光电扫描度盘，自动显示读数，使观测时操作简单，避免产生人为读数误差。水平角观测的基本操作过程如下。

（1）选择水平角显示方式

按角度测量键使全站仪处于角度测量模式。一般全站仪具有左角（逆时针角）和右角（顺时针角）两种模式可以选择，我们习惯与经纬仪保持一致，通常选择右角观测模式。

（2）起始方向水平度盘读数设置

测定两条直线间的水平夹角，选择其中一个方向为起始方向。照准起始方向，设置当前的水平度盘读数为 $0°00'00''$，即水平方向置零。

也可以将起始方向水平度盘读数设置成已知角度，完成水平度盘定向。

（3）水平角测量

照准起始方向，设置完水平度盘读数后，顺时针转动望远镜，照准前视方向，此时显示的水平度盘读数为两方向之间的水平夹角。如观测一测回角度值，其操作过程与经纬仪测水平角观测相同。

竖直角观测只需照准目标点，屏幕显示第一行"V"即为竖直读盘读数。竖直角观测值显示方式可以在竖直角与天顶距之间切换。

2. 距离测量

全站仪进行距离测量时，考虑大气折光和地球曲率对距离的影响，首先要设置正确的大气改正数，选择棱镜类型后设置棱镜常数，长距离测量时还应进行返回信号检测。距离观测基本操作过程如下。

（1）设置棱镜常数

全站仪在距离测量时发射的光线，在反射棱镜中经折射后沿原入射方向反射回全站仪。光在反射棱镜玻璃中的传播速度比在空气中慢，而其在反射棱镜中传播所用的时间会使所测距离偏大某一数值,这个数值称为棱镜常数。测距前将棱镜常数输入仪器中,仪器会对所测距离进行改正。目前多数全站仪已经在仪器内部修正这一问题,若使用原厂棱镜,棱镜常数一般为零。

(2)设置大气改正值或气温、气压值

测距红外光在大气中的传播速度会随大气折射率的不同而变化,而大气折射率与大气的温度和气压有着密切的关系。温度15℃和大气压强760mmHg是仪器设置的一个标准状态,此时大气改正值为0。测量过程中,可以输入温度和气压值,全站仪自动计算大气改正值(也可以直接输入大气改正值),并对测距结果进行改正。

(3)测距模式的选择

全站仪测距模式有精测模式、跟踪模式、粗测(速测)模式三种。精测模式是常用的测距模式,测量时间约为2.5s,最小显示单位为1mm;跟踪模式用于移动目标或放样时连续测距,最小显示单位一般为1cm;粗测模式测量时间约为0.7s,最小显示单位为1cm或1mm。在距离测量或坐标测量时,可以按测距模式键选择不同的测距模式。

(4)距离测量

照准目标棱镜中心,按测距键,距离测量开始,测距完成后显示斜距、平距、高差。输入准确的仪器高和棱镜高,可以得到测站点与待测点之间的高差。有些型号的全站仪在距离测量时不能设置仪器高和棱镜高,显示的高差值是全站仪横轴中心与棱镜中心的高差。

3. 坐标测量

全站仪可以直接测算点的三维坐标,如图2-32所示,O 为测站点,A 为后视点,1为待定点。已知 A 的坐标为 (N_A, E_A, Z_A),O 的坐标为 (N_O, E_O, Z_O),求待测点1的坐标 (N_1, E_1, Z_1)。

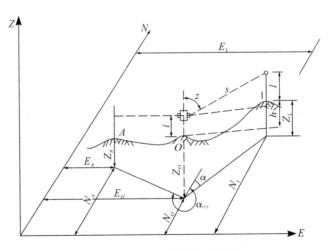

图 2-32　坐标测量计算原理图

根据坐标反算其坐标方位角 $\alpha_{OA} = \arctan \dfrac{E_A - E_O}{N_A - N_O}$,为后视 OA 边坐标方位角。由此可得待测点1的坐标 (N_1, E_1, Z_1) 为:

$$N_1 = N_O + s \cdot \sin z \cdot \cos \alpha \tag{2-18}$$

$$E_1 = E_O + s \cdot \sin z \cdot \sin \alpha \qquad (2\text{-}19)$$
$$Z_1 = Z_O + s \cdot \cos z + i - v \qquad (2\text{-}20)$$

式中：N_1，E_1，Z_1——为待测点坐标；

$\quad$ N_O，E_O，Z_O——为测站点坐标；

$\quad$ s——为测站点至待测点的斜距；

$\quad$ z——为天顶距；

$\quad$ α——为测站点至待测点方向的坐标方位角；

$\quad$ i——为仪器高；

$\quad$ v——为棱镜高。

需说明的是，全站仪上常用(N,E,Z)表示点的三维坐标，其中N对应X，E对应Y，Z对应H。坐标测量的基本操作过程如下。

1）设置棱镜常数、大气改正或气温、气压值。

2）设定测站点数据。测量前需将测站点坐标、仪器高通过键盘进行输入。仪器高是指仪器的横轴中心至测站点的垂直高度，可以用钢卷尺量出。

3）设定后视点定向元素。照准后视点，输入后视点的坐标或后视边坐标方位角。当输入后视点的坐标时，全站仪自动计算后视方向坐标方位角，水平度盘读数显示该坐标方位角值。

4）输入棱镜高。棱镜高是指棱镜中心至地面点的垂直高度。

5）待测点坐标测量。精确照准前视目标棱镜中心，按坐标测量键，全站仪开始测量，屏幕上显示待测点的三维坐标。

4. 全站仪放样

全站仪可以用角度、距离放样，也可以用坐标放样。在放样过程中，通过对放样点的角度、距离或坐标的测量，仪器将显示预先设计好的放样值与实测值之差，以指导准确放样。

（1）角度和距离放样

角度和距离放样是根据相对某参考方向转过的角度和放样的距离，测设所需的点位。其操作步骤如下。

1）全站仪安置于测站点，精确照准后视点的参考方向。

2）选择放样模式为角度和距离放样，依次输入放样距离和放样角度。

3）水平角放样。转动全站仪的照准部，使 dHA 变为 0°00′00″，固定照准部，此时仪器视线方向即角度放样的方向。

dHA 表示水平角差值：水平角差值＝水平角实测值－水平角放样值

4）距离放样。沿视线方向安置棱镜，使棱镜的中心正对仪器，选取距离放样测量模式，根据仪器显示的距离差值 dHD，引导棱镜在仪器视线方向前后移动，直到 dHD 显示值为零，此时棱镜所在的位置就是待放样点的点位。

dHD 表示平距差值：平距差值＝平距实测值－平距放样值

（2）坐标放样

在已知放样点坐标的情况下可以选择坐标放样。坐标放样之前输入测站点、后视点和放样点的坐标,仪器便会自动计算放样点的角度和距离,利用角度和距离放样功能便可测设放样点的位置。也可以进行坐标放样,移动棱镜使三维坐标显示值为零,此时棱镜处既为放样点位置。其操作步骤为:

1)～4)步操作与坐标测量程序的前 4 步操作相同。

5)输入放样点坐标。

6)参照角度和距离放样的步骤,将放样点的平面位置定出。

7)高程放样,将棱镜置于放样点上,在坐标放样模式下测量该点坐标,根据其与已知高程的差值,上下移动棱镜,直至差值显示为零,放样点点位确定。

三、全站仪的操作与使用

1.测量前的准备工作

全站仪的种类很多,不同型号的全站仪其具体操作方法会有较大差异,但在测量之前一般应完成以下准备工作。

(1)安装电池

在测量前首先检查内部电池充电情况,如果电池电量不足,要及时充电。测量时将电池安装上使用,测量结束后应取下放置。

(2)安置仪器

仪器的安置包括将全站仪连接到三脚架上、对中和整平。多数全站仪有双轴补偿功能,所以全站仪整平后,在观测过程中即使气泡稍有偏离,也不会对观测造成影响。

(3)开机

按[POWER]或[ON]键,开机后仪器进行自检,自检结束后进入测量状态。有的全站仪自检结束后需要设置水平度盘与竖盘指标:设置水平度盘指标的方法是旋转照准部一周,听见鸣响即设置完成;设置竖直指标的方法是纵转望远镜一周,听见鸣响即设置完成。设置完成后显示窗内显示水平度盘与竖直度盘的读数。

(4)设置仪器参数

根据测量的具体要求,测前应通过仪器的键盘操作进行选择和设置参数。主要包括:观测条件参数设置、距离测量模式选择、通讯条件参数的设置和计量单位的设置。

2.拓普康(TOPCON)GPT-3000N 系列全站仪的操作与使用

本节以日本拓普康(TOPCON)GPT-3000N 系列全站仪为例进行详细介绍。

(1)基本技术参数说明

1)技术规格

距离测量测程的两种模式如表 2-10、2-11 所示。

表 2-10　无棱镜模式	
目标	天气状况
	低强度阳光、没有热闪烁
白色表面	1.5～250m
测量精度　1.5～25m	±(10mm)m.s.e
25m 到更远	±(5mm)m.s.e

表 2-11　棱镜模式	
目标	天气状况
	薄雾、能见度约 20km、中等阳光、稍有闪烁
1 块棱镜	3000m
测量精度	±(3mm+2*D)m.s.e (D:距离)

电子角度测的精度(标准差)

GPT—3002N　　　2″

GPT—3005N　　　5″

GPT—3007N　　　7″

测量时间　　　　　小于0.3s

倾斜改正补偿范围　　　3′

2)各部件名称(图 2-33)

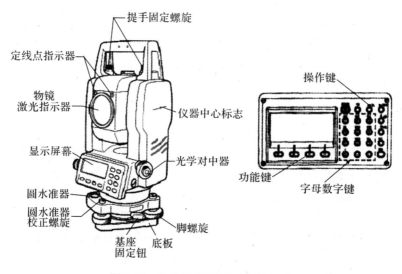

图 2-33　拓普康 GPT-3000N 全站仪

3)键盘介绍(表 2-12)

表 2-12 全站仪键盘

键	名称	功能
★	星键	星键模式用于如下项目的设置或显示: ①显示屏幕对比度;②十字丝照明;③背景光; ④倾斜改正;⑤定线点指示器;⑥设置音响效果
↗	坐标测量键	坐标测量模式
◢	距离测量键	距离测量模式
ANG	角度测量键	角度测量模式
POWER	电源键	电源开关
MENU	菜单键	在菜单模式和正常测量模式之间切换,在菜单模式下可设置应用测量与照明调节,仪器系统误差纠正
ESC	退出键	· 返回测量模式或上一层模式 · 从正常测量模式直接进入数据采集模式或放样模式 · 也可用作正常测量模式下的记录键 设置退出键功能需按住[F2]键开机在模式设置中更改
ENT	确认键	在输入值之后按此键
F1—F4	软键(功能键)	对应于显示的软键功能信息

星键模式:按下星键可以看到下列仪器选项,并进行设置。

键	显示符号	功能
F1	照明	显示屏背景光开/关
F2	NP/P	无棱镜/棱镜模式切换
F3	激光	激光指示器打开/闪烁/关闭
F4	对中	激光对中器开/关(仅适用于有激光对中器的类型)

再按一次星键

键	显示符号	功能
F1	—	—
F2	倾斜	设置倾斜改正,若设置为开,则显示倾斜改正值
F3	定线	定线点指示器开/关
F4	S/A	显示 EDM 回光信号强度(信号)、大气改正值(PPM)
上下箭头	黑白	调节显示屏对比度(0~9 级)
左右箭头	亮度	调节十字丝照明亮度(1~9 级) 十字丝照明开关和显示屏背景光开关是连通的

(2)角度测量

水平角(右角)和垂直角测量在角度测量模式下进行(表 2-13、2-14)。

表 2-13　角度测量模式下键盘及其功能

屏幕显示页数	软键	显示符号	功能
1	F1	置零	水平角置为 0°00′00″
	F2	锁定	水平角读数锁定
	F3	置盘	通过键盘输入数字设置水平角
	F4	P1↓	显示第 2 页软键功能
2	F1	倾斜	设置倾斜改正开或关;选择开,即显示倾斜改正值
	F2	复测	角度重复测量模式
	F3	V%	垂直角百分比坡度(%)显示
	F4	P2↓	显示第 3 页软键功能
3	F1	H-蜂鸣	仪器每转动水平角 90°是否要发出蜂鸣声的设置
	F2	R/L	水平角右/左计数方向的转换
	F3	竖盘	垂直角显示格式(高度角/天顶距)的切换
	F4	P3↓	显示下一页(第 1 页)软键功能

操作过程如表 2-14 所示:

表 2-14　角度测量操作过程

操作过程	操作	显示
①照准第一个目标 A	照准 A	V:90°10′20″ HR:122°09′30″ 置零　锁定　置盘 P1↓
②设置目标 A 的水平角为 0°00′00″,按[F1](置零)键和(是)键	[F1]	水平角置零 ＞OK? ＿＿　＿＿　[是]　[否]
	[F3]	V:90°10′20″ HR:0°00′00″ 置零　锁定　置盘 P1
③照准第二个目标 B,显示目标 B 的 V/H	照准目标 B	V:98°36′20″ HR:160°40′20″ 置零　锁定　置盘　P1

（3）距离测量

1）各个测键功能（表 2-15）

表 2-15 距离测量模式下键盘及其功能

屏幕显示页数	软键	显示符号	功能
1	F1	测量	启动测量
	F2	模式	设置测距模式精测/粗侧/跟踪
	F3	NP/P	无/有棱镜模式切换
	F4	P1↓	显示第 2 页软键功能
2	F1	偏心	偏心测量模式
	F2	放样	放样测量模式
	F3	S/A	设置音响模式
	F4	P2↓	显示第 3 页软键功能
3	F2	m/f/i	米、英尺或英尺、英寸单位的变换
	F4	P3↓	显示第 1 页软键功能

2）大气改正的设置

本仪器标准状态为：温度 15℃，气压 1013.25hPa，此时大气改正值为 0。可以通过直接输入温度和气压值的方法进行设置。

在距离测量模式第二页，按［F3］（S/A）键，选择（T－P），按［F1］（输入）键，输入温度和大气压。

3）棱镜常数的设置

拓普康棱镜常数为 0，棱镜改正数也为 0。无棱镜模式下进行测量，应确认无棱镜常数改正设置为 0。

在距离测量模式第二页，按［F3］（S/A）键，选择［F1］（棱镜）键，按上下键选择有无棱镜常数，按［F1］（输入）键，输入棱镜常数。

4）距离测量

确认处于测角模式，按距离测量键，即可进行距离测量，屏幕上显示 HR、HD、V，再按一次距离测量键，屏幕上则显示 HR、V、SD。

提示 1：当光电测距（EDM）在工作时，"＊"标志会出现在显示窗。

提示 2：要从距离测量模式返回到正常的角度测量模式下，可按［ANG］键

5）精测模式/跟踪模式/粗测模式

在距离测量模式下，选择［F2］（模式）键，进行精测、跟踪、粗测模式的选择。

精测模式（F）为正常模式。跟踪模式（T）的观测时间比精测模式短，在跟踪移动的目标或放样时用。粗测模式（C）的观测时间比精测模式短。

6)N 次距离测量

在测量模式下可设置 N 次测量模式或者连续测量模式。同时按[F2]+[POWER]开机进入选择模式下的模式设置状态第二页,选择[F2](N 次/重复)键进行 N 次设置重复测量。通过[F3](测量次数)键设置测量次数。

按距离测量键开始连续测量,连续测量不需要时,按[F1]测量键,屏幕上显示平均值。

(4)坐标测量

可以在坐标测量键下测量,也可以在[MENU]菜单下操作,现以[MENU]菜单下数据采集为例进行坐标测量。

首先进行棱镜常数、大气改正或气温、气压值等系列设置,并量取仪器高、棱镜高(钢卷尺量出)。

具体操作如图 2-34 所示。

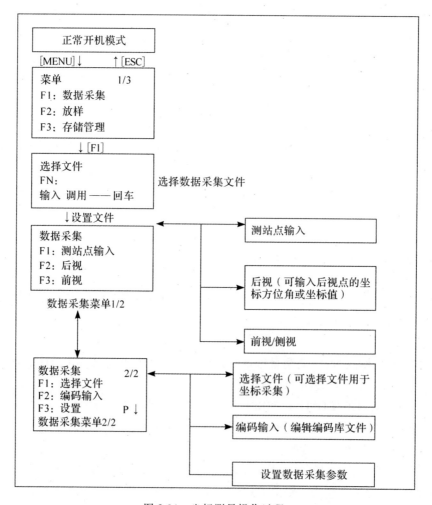

图 2-34　坐标测量操作过程

1)测站点输入(表 2-16)

表 2-16 测站点输入过程

操作过程	操作	显示
①数据采集菜单 1/2 按[F1](测站点输入)键显示的数据为原有数据	[F1]	点号：→PT－01 2/2 标识符： 仪高： 输入 查找 记录 测站
②按[F4](测站)键	[F4]	测站点 点号：PT－01 输入 调用 坐标 回车
③按[F1](输入)键	[F1]	测站点 点号：PT－01 输入 调用 坐标 回车
④输入 PT♯，按[F4](ENT)键（若内存中无该点坐标,可以按坐标输入键,输入该点坐标）	输入点号后按[F4]	测站点 点号：PT－01 「ALP」「SPC」「CLR」「ENT」
⑤输入标识符,仪器高	输入标识符与仪器高	点号 →PT－1 1 标识符： 仪高：0.000m 输入 查找 记录 测站
⑥按[F3](记录)键	[F3]	点号 →PT－1 1 标识符： 仪高：1.335m 输入 查找 记录 测站
⑦按[F3](是)键,显示屏返回数据采集菜单 1/2	[F3]	数据采集 1/2 F1:测站点输入 F2:后视 F3:前视/侧视 P↓

2)后视点输入(表 2-17)

表 2-17 后视点输入过程

操作过程	操作	显示
①由数据采集菜单 1/2 按[F2]显示原有数据	[F2]	点号 →PT－01 标识符： 仪高：0.000m 输入 置零 测量 后视
②按[F4]	[F4]	后视 点号 输入 调用 NE/AZ 回车

续表

操作过程	操作	显示
③按[F1](输入)键输入点号,如果内存中无该点相应坐标,可以通过按(NE/AZ)键输入定向元素,输入方法在坐标和坐标方位角之间转换	[F1]	N　→ E: 输入　——　AZ　回车
④按上下键输入点编码,反射镜高		后视点——PT—22 编码: 镜高:0.000m 输入　置零　测量　后视
⑤照准后视点按[F3](测量)键	[F3]	后视点——PT—22 编码: 镜高:0.000m 角度　斜距　坐标　NP/P
⑥照准后视点选择一种测量模式进行测量,确认定向数据后屏幕自动返回数据采集菜单	[F2]	V:90°00′00″ HR:0°00′00″ SD * [n]　＜＜m ＞测量……
		数据采集　1/2 F1:测站点输入 F2:后视 F3:前视/侧视　P↓

3)待测点坐标测量

输入待测点点号、编码、棱镜高,即可进行坐标测量。测量数据被存储后,显示屏变换下一个镜点,点号自动增加,即可进行下一个点的坐标测量。

4)存储管理菜单操作

按[MENU]键进入菜单的1/3页,选择[F3]进入存储管理模式。

查找数据:可查找数据采集模式或放样模式下记录文件中的数据。在查找模式下,点名(PT♯)、标识符、编码、仪器高和棱镜高可以通过[编辑]键更改,但测量数据不能更改。

在此状态下按[F1](测量数据)键可查找点号、标识符、仪器高和棱镜高,按[F2](坐标数据)键可查找 N、E、Z 坐标和编码。

文件维护:此模式下可更改文件名、查找文件中的数据和删除文件。文件识别符号(＊、@、&)表示该文件的使用状态:对于测量数据,＊表示测量采集模式下被选定的文件;对于坐标数据,＊表示放样模式下被选定的文件,@表示数据采集模式下被选定的坐标文件,&表示放样和数据采集模式下被选定的坐标文件。

数据类型识别符号(M、C)位于四位数字之前,表示数据类型,M 表示测量数据,C 表示坐标数据,四位数字表示文件中数据的总数。

　　放样点和控制点的坐标数据可直接由键盘输入,在存储管理模式 2/3 菜单下,选择[输入坐标]键即可输入坐标,并存入文件内。

(5)坐标放样

1)测站点与后视点的输入,其方法与坐标测量相同,具体操作页面如图 2-35 所示。

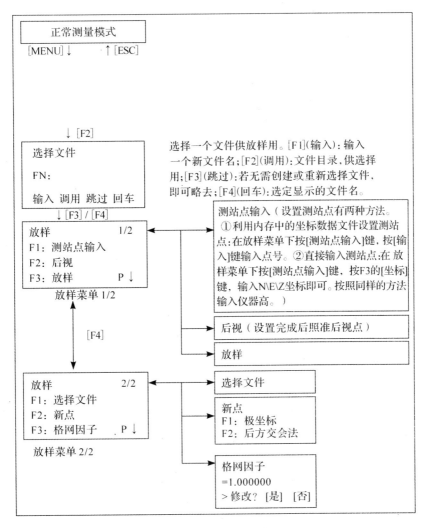

图 2-35　测站点与后视点输入过程

2)放样点输入(表 2-18)

表 2-18　放样点输入过程

操作过程	操作	显示
①由放样菜单 1/2 按[F3](放样)键	[F3]	放样　　　1/2 F1:测站点输入 F2:后视 F3:放样　P↓
②按[F1](输入)键,输入放样点号,按[F4](回车)键 注意:若文件中不存在所需的坐标数据,则需要输入该点坐标。	[F1]	放样 点号: 输入　调用　坐标　回车
③按同样方法输入反射棱镜高,当放样点设定后,仪器就进行放样元素的计算。	照准棱镜[F1]	镜高 输入 镜高:0.000m 输入　———　回车
HR:放样点的水平角计算值 HD:仪器到放样点的水平距离计算值		计算 HR=90°10′11″ HD=123.456m 角度　距离
④照准棱镜,按[F1](角度)键 HR:实际测量的水平角 dHR:对准放样点仪器应转动的水平角＝实际水平角－计算的水平角 当 dHR=0°00′00″时,即表明放样方向正确	[F1]	点号:LP-100 HR=6°20′40″ dHR=23°40′20″ 距离　———　坐标　———
⑤按[F1](距离)键 HD:实测的水平距离 dHD:对准放样点尚差的水平距离＝实测平距－计算平距 dZ:对准放样点尚差的垂直距离＝实测高程－计算高程	[F1]	HD＊[r]　＜m dHD:　　　m dZ:　　　m 模式　坐标　NP/P　继续
⑥按[F1](模式)键进行精测	[F1]	HD＊　156.835m dHD:　－3.327m dZ:　　－0.046m 模式　坐标　NP/P　继续
		HD＊[r]　＜m dHD:　　　m dZ:　　　m 模式　坐标　NP/P　继续
⑦当显示值 dHR、dHD 和 dZ 均为 0 时,则放样点的测设已经完成		HD＊　143.84m dHZ:　－13.34m dZ:　　－0.05m 模式　坐标　NP/P　继续
⑧按[F2](坐标)键,即显示坐标值	[F2]	N＊　100.000m E　　100.000m Z　　　1.015m 模式　坐标　NP/P　继续
⑨按[F4](继续)键,进行下一个放样点的测设。	[F4]	放样 点号:LP-101 输入　调用　坐标　回车

（6）选择模式

要进入此模式需要同时按［F2］＋［POWER］键开机。在此模式下可进行如下设置（表2-19）。

表 2-19　模式选择及设置

菜单	项目	选择项	内容
单位设置	温度和气压	C/F hPa/mmHg/inHg	选择大气改正用的温度和气压单位
	角度	DEG(360°) /GON(400G)/MIL(640M)	选择测角单位,deg/gon/mil(度/哥恩/密位)
	距离	METER/FEET/FEET 和 inch	选择测距单位,m/ft/ft.in(米/英尺/英尺.英寸)
	英尺	美国英尺/国际英尺	选择 m/ft 转换系数 美国英尺 Lm＝3.2808333333333ft 国际英尺 Lm＝3.280839895013123ft
模式设置	开机模式	测角/测距	选择开机后进入测角模式或测距模式
	精测/粗测/跟踪	精测/粗测/跟踪	选择开机后的测距模式,精测/粗测/跟踪
	平距/斜距	平距和高差/斜距	说明开机后优先显示的数据项,平距和高差或斜距
	竖角 ZO/HO	天顶 0/水平 0	选择竖直角读数从天顶方向为零基准或水平方向为零基准
	N-次重复	N 次/重复	选择开机后测距模式,N 次/重复测量
	测量次数	0~99	设置测距次数,若设置 1 次,即为单次测量
	NEZ/ENZ	NEZ/ENZ	选择坐标显示顺序,NEZ/ENZ
	HA 存储	开/关	设置水平角在仪器关机后可被保存在仪器中
	ESC 键模式	数据采集/放样/记录/关	可选择［ESC］键的功能 数据采集/放样:在正常测量模式下按［ESC］键,可以直接进入数据采集模式下的数据输入状态或放样菜单 记录:在进行正常或偏心测量时,可以输出观测数据 关:回到正常功能
	坐标检查	开/关	选择在设置放样点时是否要显示坐标(开/关)
	EDM 关闭时间	0~99	设置电测测距(EDM)完成后到测距功能中断的时间可以选择此功能,它有助于缩短从完成测距状态到启动测距的第一测量时间(缺省值为 3 分钟) 0:完成测距后立即中断测距模式 1~98:在 1~98 分钟后中断 99:测距功能一直有效
	精读数	0.2/1mm	设置测距模式(精测模式)最小读数单位 1mm 或 0.2mm
	偏心竖角	自由/锁定	在角度偏心测量模式中选择垂直角设置方式。 FREE:垂直角随望远镜上、下转动而变化 HOLDA:垂直角锁定,不因望远镜转动而变化

续表

菜单	项目	选择项	内容
模式设置	无棱镜/棱镜	无棱镜/棱镜	选择开机时距离测量的模式
	激光对中器关闭时间(仅适用于激光对中类型)	1~99	激光对中功能可自动关闭 1~98:在激光对中器工作1~98分钟后自动关闭 99:人工控制关闭
其他设置	水平角蜂鸣声	开/关	说明每当水平角为90°时是否发出蜂鸣声
	信号蜂鸣声	开/关	说明在设置音响模式下是否发出蜂鸣声
	两差改正	关/K=0.14/K=0.20	设置大气折光和地球曲率改正,折光系数有:K=0.14和K=0.20或不进行两差改正
	坐标记忆	开/关	选择关机后测站点坐标、仪器高和棱镜高是否可以恢复
	记录类型	REC-A/REC-B	数据输出的两种模式:REC-A或REC-B REC-A:重新进行测量并输出新的数据 REC-B:输出正在显示的数据
	ACK模式	标准方式/省略方式	设置与外部设备进行通讯的过程 STANDARD:正常通讯 OMITED:即使外部设备略去[ACK]联络信息数据也不再被发送
	格网因子	使用/不使用	在测量数据计算中是否使用坐标格网因子
	挖与填	标准方式/挖和填	在放样模式下,可显示挖和填的高度,而不显示dZ
	回显	开/关	可输出回显数据
	对比度	开/关	在仪器开机时,可显示用于调节对比度的屏幕并确认棱镜常数(PSM)和大气改正值(PPM)

四、仪器使用的注意事项与保养

全站仪是一种结构复杂、制造精密的仪器,在使用过程中应当遵循其操作规程,正确熟练地使用。

(1)使用时注意事项

1)新购置的仪器,首次使用应结合仪器认真阅读仪器使用说明书。通过反复学习,熟练掌握仪器的基本操作、文件管理、数据通讯等内容,最大限度地发挥全站仪的作用。

2)阳光下或降雨中作业应当给仪器打伞遮阳、遮雨。长时间在高温环境中使用,可能对仪器产生不良影响。

3)仪器应保持干燥,不要将仪器浸入水中,遇水后应将仪器擦干,放在通风处,完全晾干后才能装箱。

4)全站仪望远镜不可直接照准太阳,以免损坏发光二极管。

5)全站仪在迁站时,应握住提手取下仪器,放在仪器箱中。

6)运输过程中应尽可能减轻震动,剧烈震动可能导致测量功能受损。

7)建议在电源打开期间不要将电池取出,以免存储数据丢失,请在电源关闭后再装入或取下电池。

(2)仪器的保养

1)仪器应该保持清洁,镜头不可用手触摸,可用镜头纸清理。

2)电池充电应按说明书的要求进行。

3)定期对仪器的性能进行检查。

4)仪器出现故障应与厂家联系修理,不可随意拆卸仪器。

第三章 三维测量

第一节 距离丈量

一、距离丈量

距离丈量是测量的基本工作之一。距离是指两点之间的直线长度。距离有平距和斜距之分。平距，即水平距离，是指两点间连线垂直投影在水平面上的长度；斜距，即倾斜距离，是指不在同一水平面上的两点间连线的长度。按照所用仪器、工具的不同，可分为钢尺量距、视距测量、电磁波测距等测距方法。本章主要介绍钢尺量距的方法与成果处理。

1. 钢尺量距

钢尺量距是利用经检定合格的钢尺（图 3-1）直接量测地面两点之间的距离，又称为距离丈量。它使用的工具简单，又能满足工程建设必须的精度，是工程测量中最常用的距离测量方法。钢尺量距按精度要求不同，又分为一般量距和精密量距。其基本步骤有定线、尺段丈量和成果计算。

图 3-1 钢尺

（1）量距工具

1）钢尺

钢尺也称钢卷尺，它是由宽度 10～20mm，厚度 0.1～0.4mm 的薄钢带制成的带状尺，卷放在圆盘形的尺盒内或卷放在金属尺架上，如图 3-1 所示。常用的钢尺按长度分类，有20m、30m、50m 等几种。钢尺的基本分划为毫米（mm），在厘米（cm）、分米（dm）和整米（m）处都有数字注记，便于量距时读数。

按尺上零点位置的不同,钢尺有刻线尺和端点尺之分。在尺的前端刻有零分划线的称为刻线尺,如图 3-2(a)所示;尺的零点是从尺环端起始的,称为端点尺,如图 3-2(b)所示。刻线尺多用于地面点的丈量工作,端点尺多用于建筑物墙边开始的丈量工作。钢尺量距的相对精度一般高于 1/3000。

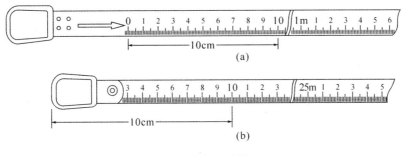

图 3-2 钢尺零端

2)量距的辅助工具

钢尺量距的辅助工具有测钎、标杆、弹簧秤和温度计等,如图 3-3 所示。测钎用来标志所量尺段的起、讫点和计算已量过的整尺段数,一般用钢筋制成,上部弯成小圆环,下部磨尖,直径 3～6mm,长度 30～40cm。测钎上可用油漆涂成红、白相间的色段。通常 6 根或 11 根系成一组。量距时,将测钎插入地面,用以标定尺端点的位置,亦可作为近处目标的瞄准标志。标杆多由木料或铝合金制成,直径约 3cm,全长有 2m、3m 等几种规格,杆上油漆成红、白相间的色段,非常醒目。标杆下端装有尖头铁脚,便于插入地面,作为照准标志。弹簧秤和温度计分别用于控制拉力和测定温度,主要用于精度较高的量距工作。此外,在钢尺精密量距中还有尺夹,尺夹用于安装在钢尺末端,以方便稳定钢尺。

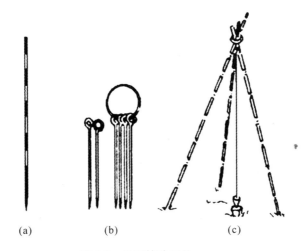

图 3-3 量距辅助工具

(2)直线定线

水平距离测量时,如果地面两点之间距离较长或地面起伏较大,就需要在直线方向上分成若干段进行量测。这种将多个分段点标定在待量直线上的工作称为直线定线,简称定线。定线方法有目估定线和经纬仪定线,一般量距时用目估定线,精密量距时用经纬仪定线。

1)目估定线

目估定线就是用目测的方法,用标杆将直线上的分段点标定出来,又称标杆定线。如图 3-4 所示。A、B 为地面上互相通视的两个固定点,欲在 A、B 直线上定出 1、2 等点,先在 A、B 两点标志上各竖立一标杆,甲站在 A 点标杆后约 1m 处,自 A 点标杆的一侧目测瞄准 B 点标杆,同时指挥乙左右移动标杆,直至 2 点标杆位于 AB 直线上为止。同法可定出直线上其他点,两点间定线一般应由远到近,即先定 1 点再定 2 点。定线时要将标杆竖直。在平坦地区,定线工作常与丈量距离同时进行,即边定线边丈量。

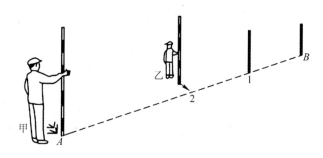

图 3-4　目估定线

2)经纬仪定线

若量距的精度要求较高或两端点距离较长时,宜采用经纬仪定线。如图 3-5 所示,经纬仪定线工作包括清障、定线、概量、钉桩、标线等。定线时,先清除沿线障碍物,甲将经纬仪安置在直线端点 A,对中、整平后,用望远镜纵丝瞄准直线另一端 B 点上标志,制动照准部。然后,上下转动望远镜,指挥乙左右移动标杆,直至标杆像为纵丝所平分,完成概定向;又指挥自 A 点开始朝标杆方向概量,定出相距略小于整尺长度的尺段点 1,并钉上木桩(桩顶高出地面 10~20cm),且使木桩在十字丝纵丝上,该桩称为尺段桩。最后沿纵丝在桩顶前后各标一点,通过两点绘出方向线,再加一横线,使之构成"十"字,作为尺段丈量的标志。同法钉出 2、3……等尺段桩。高精度量距时,为了减小视准轴误差的影响,可采用盘左盘右分中法定线。

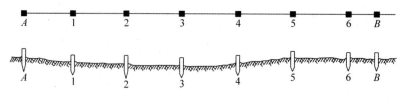

图 3-5　经纬仪定线

（3）钢尺量距的一般方法

1）平坦地面的距离丈量

丈量工作一般由两人进行。如图 3-6 所示，清除待量直线上的障碍物后，在直线两端点 A、B 竖立标杆，后尺手持钢尺的零端位于 A 点，前尺手持钢尺的末端和一组测钎沿 AB 方向前进，行至一个尺段处停下。后尺手用手势指挥前尺手将钢尺拉在 AB 直线上，后尺手将钢尺零点对准 A 点，当两人同时将钢尺拉紧后，前尺手在钢尺末端的整尺段长分划处竖直插下一根测钎（在水泥地面上丈量插不下测钎时，可用油性笔在地面上划线做记号）得到 1 点，即量完一个尺段。前、后尺手抬尺前进，当后尺手到达插测钎或划记号处时停住，重复上述操作，量完第二尺段。后尺手拔起地上的测钎，依次前进，直到量完 AB 直线的最后一段为止。

最后一段长度一般不足一整尺，称为余长。丈量余长时，前尺手在钢尺上读取余长值。若设整尺长度为 l，余长为 q，共测了 n 个尺段，则 A、B 两点间的水平距离为：

$$D_{AB} = nl + q \tag{3-1}$$

在平坦地面，钢尺沿地面丈量的结果就是水平距离。为了防止丈量中发生错误和提高量距的精度，需要往、返测量。上述为往测，返测时要重新定线。往、返丈量距离较的相对误差 K 为：

$$K = \frac{|\Delta D|}{D_0} = \frac{1}{D_0 / |\Delta D|} \tag{3-2}$$

$$\Delta D = D_{往} - D_{返} \tag{3-3}$$

$$D_0 = \frac{1}{2}(D_{往} + D_{返}) \tag{3-4}$$

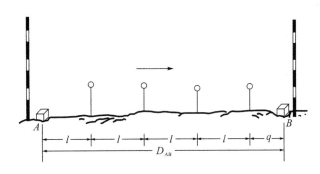

图 3-6 平坦地面的距离丈量

在计算距离的相对误差时，将分式的分子化为 1，分母越大，说明量距的精度越高。在平坦地区量距，K 一般不应大于 1/3000，量距困难地区也不应大于 1/1000。若超限，则应分析原因，重新丈量。

【例 3-1】 C、D 两点间距离丈量的结果为 $D_{CD} = 128.435\text{m}$，$D_{DC} = 128.463\text{m}$，则 CD 直线丈量的相对误差为：

$$K = \frac{|128.435 - 128.463|}{\frac{1}{2}(128.435 + 128.463)} = \frac{0.028}{128.449} = \frac{1}{4587.464} \approx \frac{1}{4500}$$

2)倾斜地面的距离丈量

在倾斜地面上丈量距离,视地形情况可用水平量距法或倾斜量距法。

①平量法

在倾斜地面上量距时,当地势起伏不大时,可将钢尺拉平丈量,称为水平量距法。如图 3-7(a)所示,丈量由 A 点向 B 点进行。后尺手将钢尺零端点对准 A 点标志中心,前尺手将钢尺抬高,并且目估使钢尺水平,然后用垂球尖将尺段的末端投影到地面上,插上测钎。量第二段时,后尺手用零端对准第一根测钎根部,前尺手同法插上第二个测钎,依次类推直到 B 点。各测段丈量结果的总和就是 A、B 两点间的往测水平距离。为了方便起见,返测也应由高向低丈量。若精度符合要求,则取往返测的平均值作为最后的结果。

②斜量法

当倾斜地面的坡度比较均匀时,如图 3-7(b)所示,称为倾斜量距法。沿斜坡丈量出 AB 的斜距 L,测出地面倾斜角 α 或 A、B 两点的高差 h,然后按下式计算 AB 的水平距离:

$$D = L\cos \alpha = \sqrt{L^2 - h^2} \tag{3-5}$$

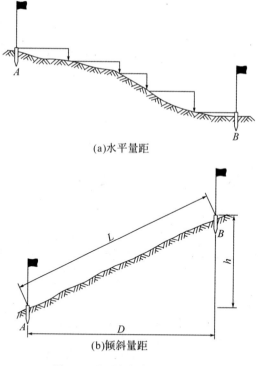

(a)水平量距

(b)倾斜量距

图 3-7 水平与倾斜地面量距

(4)钢尺量距的误差及注意事项

影响钢尺量距精度的因素很多,主要的误差来源有下列几种。

1)定线误差

量距时钢尺没有准确地放在所量距离的直线方向上,所量距离是一组折线而不是直线,造成丈量结果偏大,这种误差称为定线误差。

2）尺长误差

如果钢尺的名义长度和实际长度不符，其差值称为尺长误差。尺长误差具有系统积累性，它与所量距离成正比。因此钢尺必须经过检定，测出其尺长改正值。

3）拉力误差

丈量施加的拉力与检定时不一致引起的量距误差，称为拉力误差。钢尺材料具有弹性，受拉力会伸长。钢尺在丈量时所受拉力应与检定时拉力相同。一般量距时，只要保持拉力均匀即可。精密量距时，必须使用弹簧秤。

4）钢尺垂曲误差

钢尺悬空丈量时，中间下垂，称为垂曲。因此丈量时必须注意钢尺水平，整尺段悬空时，中间应有人托住钢尺，否则会产生不容忽视的垂曲误差。垂曲误差会使量得的长度大于实际长度，故在钢尺检定时，亦可按悬空情况检定，得出相应的尺长方程式。在成果整理时，按此尺长方程式进行尺长改正。

5）钢尺不水平的误差

钢尺量距时若钢尺倾斜，会使所量距离偏大。一般量距时，对于 30m 钢尺，用目估持平钢尺，经统计会产生 $50'$ 倾斜（相当于 0.44m 高差误差），对量距约产生 3mm 误差。因此，用平量法丈量时应尽可能使钢尺水平。精密量距时，测出尺段两端点的高差，进行倾斜改正，可消除钢尺不水平的影响。

6）丈量误差

量距时，钢尺对点误差、测钎安置误差及读数误差等都会引起丈量误差，这种误差对丈量结果的影响可正可负，大小不定。所以在丈量中要仔细认真，并采用多次丈量取平均值的方法，以提高量距精度。

7）温度改正

钢尺的长度随温度而变化，当丈量时的温度与钢尺检定时的标准温度不一致时，将产生温度误差。按照钢尺温度改正公式，当温度变化 8℃ 时，将会产生 1/10000 尺长的误差。由于用温度计测量温度时，测定的是空气的温度，而不是尺子本身的温度，在夏季阳光曝晒下，此两者的温差可大于 5℃。因此，量距宜在阴天进行，最好用半导体温度计测量钢尺自身的温度。

2. 钢尺量距精密方法

钢尺量距的一般方法，量距精度只能达到 1/1000～1/5000。但精度要求达到 1/10000 以上时，应采用精密量距的方法。精密方法量距与一般方法量距的基本步骤相同，不过精密量距在丈量时采用较为精密的方法，并对一些影响因素进行了相应的计算改正。

(1) 钢尺检定与尺长方程式

钢尺因制造误差、使用中的变形、丈量时温度变化和拉力等的影响，其实际长度与尺上标注的长度（即名义长度，用 l_0 表示）会不一致。因此，量距前应对钢尺进行检定，求出在标准温度 t_0 和标准拉力 F_0 下的实际长度，建立被检钢尺在施加标准拉力和温度下尺长随温度变化的函数式，这一函数式称为尺长方程式，以便对丈量结果加以相应改正。钢尺检定时，在恒温室（标准温度为 20℃）内，对被检尺施加标准拉力，用将其固定在检验台上，用标准尺

去量测被检尺,或者对被检尺施加标准拉力去量测一标准距离,求其实际长度,这种方法称为比长法。尺长方程式的一般形式为:

$$l_t = l_0 + \Delta l + \alpha(t - t_0)l_0 \tag{3-6}$$

式中:l_t 为钢尺在温度 t 时的实际长度,l_0 为钢尺的名义长度;Δl 为检定时在标准拉力和温度下的尺长改正数;α 为钢尺的线形膨胀系数,普通钢尺为 $1.2 \times 10^{-5}/℃$,即温度每变化 $1℃$,单位长度钢尺的伸缩量;t 为量距时的温度,t_0 为检定时的温度。

(2)测量桩顶高程

经过经纬仪定线钉下尺段桩后,用水准仪测定各尺段桩顶间高差,以便计算尺段倾斜改正。高差宜在量距前后往、返各观测一次,以资检核。两次高差之差,不超过 10mm,取其平均值作为观测的成果,记入记录手簿(表 3-1)。

表 3-1　钢尺一般量距记录手簿

钢尺编号:No.100427　　　　测量日期:　　　　　　量测者:
尺长方程:$l_t = 30$　　　　　　　　　　　　　　　记录者:

测段编号	量测方向	距离量测结果				相对误差 K	备注
		整尺段数 n	余尺段长 (m)	总长(m)	平均数(m)		
AB	往	4	15.309	135.309	135.328	1/3500	
	返	4	15.347	135.345			
BC	往	5	27.478	177.478	177.465	1/6800	
	返	5	27.452	177.452			

(3)距离丈量

用检定过的钢尺丈量相邻木桩之间的距离,称为尺段丈量。丈量由 5 人进行,2 人为尺手,2 人读数,1 人记录兼测温度。丈量时后尺手持尺零端,将弹簧秤挂在尺环上,与一读数员位于后点;前尺手与另一读数员位于前点,记录员位于中间。钢尺首尾两端紧贴桩顶,把尺摆顺直,贴方向线的同一侧。准备好后,读数员发出一长声“预备”口令,前尺手抓稳尺,将一整 cm 分划对准前点横向标志线;后尺手用力拉尺,使弹簧秤至检定时相同的拉力(30m 尺为 100N,50m 尺为 150N),当读数员做好准备后,回答一长声表示同意读数的口令,两尺手保持尺子稳定,两读数员以桩顶横线标记为准,同时读取尺子前后读数,估读至 0.5mm,报告记录员记入手簿。依此每尺段移动钢尺 2～3cm 丈量 3 次,3 次量得结果的最大值与最小值之差不超过 3mm,否则应重量,取 3 次结果的平均值作为该尺段的丈量结果。每丈量完一个尺段,记录员读记一次温度,读至 0.5℃,以便计算温度改正数。由直线起点依次逐段丈量至终点为往测,往测完毕后应立即调转尺头,人不换位,进行返测。往返各依次取平均值为一个测回。

(4)成果整理

钢尺精密量距完成后,应对每一尺段长进行尺长改正、温度改正及倾斜改正,求出改正后尺段的水平距离。计算时取位至 0.1mm。往、返测结果按式(3-2)进行精度检核，若 K 满足精度要求，按式(3-4)计算最后成果。在若 K 超限，应查明原因返工重测。成果计算在表 3-2 中进行，各项改正数的计算方法如下。

1）尺长改正

钢尺在标准拉力 F_0 和标准温度 t_0 下的实际长 l_{t0} 与其名义长 l_0 之差 Δl_d，称为整尺段的尺长改正数，即 $\Delta l_d = l_{t0} - l_0$，为尺长方程式的第 2 项。任意尺段长 l_i 的尺长改正数 Δl_{di} 为：

$$\Delta l_{di} = \frac{\Delta l_d}{l_0} \times l_i \tag{3-7}$$

如表 3-2 中 $A-1$ 段，$\Delta l_d = 0.008\text{m}$，$l_0 = 30\text{m}$，$l_{A1} = 29.8753\text{m}$，则 $\Delta l_{dA1} = +8.0\text{mm}$。

表 3-2　钢尺精密量距记录计算手簿

钢尺型号：GC-002　　检定日期：　　　　记录者：　　　　计算：

钢尺编号：No.100427　检定拉力：$F_0 = 100\text{N}$　前　尺：　　　　后　尺：

尺长方程：$l_i = 30 + 0.008 + 1.2 \times 10^{-5}(t-20) \times 30 - \dfrac{h_i^2}{2l_i}$　　　日　期：

尺段编号	测量次数	前尺读数(m)	后尺读数(m)	尺段长度(m)	尺段平均长度(m)	温度(℃) / 温度改正数(mm)	高差(m) / 高差改正数(mm)	尺长改正数(mm)	改正后尺段(mm)
$A-1$	1	29.9460	0.0700	29.8760	29.8753	26.2	+0.520	+8.0	29.8810
	2	400	645	755					
	3	500	755	745		+2.2	-4.5		
$1-2$	1	29.9250	0.0150	29.9100	29.9095	27.3	+0.878	+8.0	29.8912
	2	300	210	090					
	3	400	305	095		+2.6	-12.9		
...	...	...	...	...	...	...	...	...	...
$5-B$	1	18.9750	0.0750	18.9000	18.8993	27.5	-0.436	+5.0	18.9010
	2	540	545	8995					
	3	800	815	8985		+1.7	-5.0		
Σ									203.5172

2）温度改正

钢尺在丈量时的温度 t 与检定时标准温度 t_0 不同引起的尺长变化值，称为温度改正数，用 Δl_t 表示。为尺长方程式的第 3 项。任意尺段长 l_i 的温度改正数 Δl_{ti} 为：

$$\Delta l_{ti} = \alpha(t - t_0)l_i \tag{3-8}$$

如表 3-2 中 A1 段，$l_0 = 20℃$，$\alpha = 1.2 \times 10^{-5}\text{m/m} \cdot ℃$，$l_{A1} = 29.8753\text{m}$，则 $\Delta l_{tA1} = +2.2\text{mm}$。

3)倾斜改正

尺段丈量时,所测量的是相邻两桩顶间的斜距,由斜距换算为平距所施加的改正数,称为倾斜改正数或高差改正数,用 Δl_h 表示。任意尺段长 l_i 的倾斜改正数 Δl_{hi} 按式(3-6)有

$$\Delta l_{hi} = -\frac{h_i^2}{2l_i} \tag{3-9}$$

倾斜改正数永远为负值。如表 3-2 中 A1 段,$h_i = 0.520\text{m}$,$l_{A1} = 29.8753\text{m}$,则 $\Delta l_{hA1} = -4.5\text{mm}$。

4)尺段水平距离

综上所述,每一尺段改正后的水平距离为

$$D_i = l_i + \Delta l_{di} + \Delta l_{ti} + \Delta l_{hi} \tag{3-10}$$

5)计算全长

将改正后的各个尺段长和余长加起来,便得到距离的全长。如果往、返测相对误差在限差以内,则取平均距离为观测结果。如果相对误差超限,应重测。

第二节　水准测量

一、水准测量

地面点的高程是地面点的定位元素之一,测定地面点高程的工作称为高程测量,是测量的基本工作之一。按所用测量仪器的不同,获得高程的方法有水准测量和三角高程测量,此外还有液体静力水准测量、气压高程测量和 GPS 高程测量等。本章主要介绍水准测量,包括水准测量的原理和方法、水准仪的技术操作和检验校正、水准测量误差的影响与消除方法,以及三、四等水准测量。

二、普通水准测量方法

1. 水准点

用水准测量方法测定高程而建立的高程控制点称水准点,如图 3-8 所示,用 BM 表示。需要长期保存的水准点一般用混凝土或石头制成标石,中间嵌半球型金属标志,埋设在冰冻线以下 0.5m 左右的坚硬土基中,并设防护井保护,称永久性水准点,如图 3-8(a)所示。亦可埋设在岩石或永久建筑物上,如图 3-8(b)所示。使用时间较短的,称临时水准点。一般用混凝土标石埋在地面,如图 3-8(c)所示,或用大木桩顶面加一帽钉打入地下,并用混凝土固定,如图 3-8(d)所示,亦可在岩石或建筑物上用红漆标记。

为了满足各类测量工作的需要,水准点按精度分为不同等级。国家水准点分一、二、三、四等四个等级,埋设永久性标志,其高程为绝对高程。为满足工程建设测量工作的需要,建立低于国家等级的等外水准点,埋设永久或临时标志,其高程应从国家水准点引测,引测有困难时,可采用相对高程。

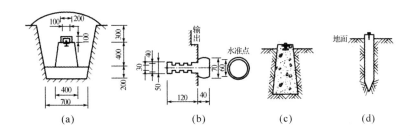

图 3-8 水准点的埋设

2.水准路线的布设形式

水准测量进行的路径称为水准路线。根据测区情况和需要,工程建设中水准路线可布设成以下形式。

(1)闭合水准路线

如图 3-9(a)所示,从一已知高程点 BM_A 出发,沿线测定待定高程点 1、2、3······的高程后,最后闭合在 BM_A 上。这种水准测量路线称闭合水准(路线)。多用于面积较小的块状测区。

(2)附合水准路线

如图 3-9(b)所示,从一已知高程点 BM_A 出发,沿线测定待定高程点 1、2、3······的高程后,最后附合在另一个已知高程点 BM_B 上。这种水准测量路线称附合水准(路线)。多用于带状测区。

(3)支水准路线

如图 3-9(c)所示,从一已知高程点 BM_A 出发,沿线测定待定高程点 1、2、3······的高程后,既不闭合又不附合在已知高程点上。这种水准测量路线称支水准(路线)或支线水准。多用于测图水准点加密。

(4)水准网

如图 3-9(d)所示,由多条单一水准路线相互连接构成的网状图形称水准网。其中 BM_A、BM_B 为高级点,C、D、E、F 等为结点。多用于面积较大测区。

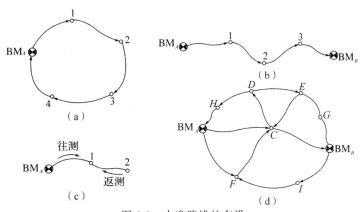

图 3-9 水准路线的布设

3.水准测量的外业施测

(1)水准测量外业的实施

1)一般要求

作业前应选择适当的仪器、标尺,并对其进行检验和校正。三、四等水准和图根控制用 DS_3 型仪器和双面尺,等外水准配单面尺。一般性测量采用单程观测,作为首级控制或支水准路线测量必须往返观测。等级水准测量的尺距、路线长度等必须符合规范要求。测量应尽可能采用中间法,即仪器安置在距离前、后视尺大致相等的位置。

2)施测程序

如图 3-10 所示,设 A 点的高程 $H_A = 40.683\text{m}$,现测定 B 点的高程 H_B 的程序如下。

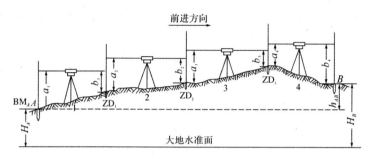

图 3-10　水准测量外业实施

①安置仪器于 1 站并粗平,后视尺立于 BM_A,在路线前进方向选择一点与 A1 距离大致相等的适当位置作 ZD_1,作为临时的高程传递点,称为转点。放上并踏紧尺垫,将前视尺立于其上。

②照准 A 点尺,精平仪器后,读取后视读数 a_1(如 1.384m);照准 ZD_1 点尺,精平仪器后,读取前视读数 b_1(如 1.179m),记入手簿中(表 3-3)。则

$$h_1 = a_1 - b_1 \qquad (0.205\text{m})$$

③将仪器搬至 2 站,粗平,ZD_1 点尺面向仪器,A 点尺立于 ZD_2。

④照准 ZD_1 点尺,精平仪器读数 a_2(如 1.479m);照准 ZD_2 点尺,精平仪器读数 b_2(如 0.912m),记入手簿中。则

$$h_2 = a_2 - b_2 \qquad (0.567\text{m})$$

⑤按上述③、④步连续设站施测,直至测至终点 B 为止。各站的高差为:

$$h_i = a_i - b_i \qquad (i = 1, 2, 3, \cdots) \qquad (3\text{-}11)$$

根据式(3-11)即可求得各点的高程。将各测站高差取其和:

$$h_{AB} = \sum h_i = \sum a_i - \sum b_i \qquad (3\text{-}12)$$

B 点高程为:

$$H_B = H_A + h_{AB} = H_A + \sum h_i \qquad (3\text{-}13)$$

施测全过程的高差、高程计算和检核,均在水准测量记录手簿(表 3-3)中进行。

表 3-3 水准测量记录手簿

仪器型号:DS₃　　　观测日期:　　　　观　测:　　　　计　算:
仪器编号:9703281　　天　气:晴　　　记　录:　　　　复　核:

测站	测点	水准尺读数(m)		高差(m)	高程(m)	备注
		后视	前视			
1	BM$_A$	1.384		0.205	40.683	
	ZD$_1$	1.479	1.179		40.888	
2				0.567		
	ZD$_2$	1.498	0.912		41.557	
3				0.912		
	ZD$_3$	0.873	0.586		42.367	
4				-0.791		
	ZD$_4$	1.236	1.664		41.576	
5				-0.188		
	BM$_B$		1.424		41.388	
$\sum$		6.470	5.765	0.705		
辅助计算		$\sum a_i - \sum b_i = 6.470 - 5.765 = 0.705 = \sum h_i$ $H_B - H_A = 41.388 - 40.683 = 0.705$(计算无误)				

（2）水准测量检核

1）测站检核

每站水准测量时,若观测的数据错误,将导致高差和高程计算错误。为保证观测数据的正确性,通常采用双仪高法或双面尺法进行测站检核。不合格者,不得搬站。等级水准尤其如此。

①双仪高法

又称变更仪器高法。在一个测站上,观测一次高差 $h' = a' - b'$ 后,将仪器升高或降低 10cm 左右,再观测一次高差 $h'' = a'' - b''$。当两次高差之差(称为较差)满足:

$$\Delta h = h' - h'' \leqslant \Delta h_容 \tag{3-14}$$

取平均值作为本站高差;否则应重测,直到满足式(3-14)为止。式中容称为容许值,在相应的规范中查取。

②双面尺法

在一个测站上,用同一仪器高分别观测水准尺黑面和红面的读数,获得两个高差 $h_黑 = a_黑 = b_黑$ 和 $h_红 = a_红 - b_红$ 若满足:

$$\Delta h = h_黑 - h_红 \pm 100\text{mm} \leqslant \Delta h_容 \tag{3-15}$$

取平均值作为结果;否则应重测。

2)计算检核

手簿中计算的高差和高程应满足式(3-12),并且使式(3-13)转化成 $H_B - H_A = \sum h_i$ 后,验算也同时成立。否则,高差计算和高程推算有错,应查明原因予以纠正。计算检核在手簿辅助计算栏中进行(表 3-3)。

3)成果检核

通过上述检核,仅限于读数误差和计算错误,不能排除其他诸多误差对观测成果的影响,例如转点位置移动、标尺或仪器下沉等,造成误差积累,使得实测高差 $\sum h_{测}$ 与理论高差 $\sum h_{理}$ 不相符,存在一个差值,称为高差闭合差,用 f_h 表示。即:

$$f_h = \sum h_{测} - \sum h_{理} \tag{3-16}$$

因此,必须对高差闭合差进行检核。如果 f_h 满足

$$f_h \leqslant f_{h容} \tag{3-17}$$

表示测量成果符合精度要求,可以应用。否则必须重测。式中 f_h 容差为容许高差闭合差,在相应的规范中有具体规定。例如《工程测量规范》(GB50026—93)规定:

三等水准测量:平地 $f_{h容} = \pm 12\sqrt{L}\,\text{mm}$;山地 $f_{h容} = \pm 4\sqrt{n}\,\text{mm}$ (3-18)

四等水准测量:平地 $f_{h容} = \pm 20\sqrt{L}\,\text{mm}$;山地 $f_{h容} = \pm 6\sqrt{n}\,\text{mm}$ (3-19)

图根水准测量:平地 $f_{h容} = \pm 40\sqrt{L}\,\text{mm}$;山地 $f_{h容} = \pm 12\sqrt{n}\,\text{mm}$ (3-20)

式中,L 为往返测段、附合或闭合水准线路长度,以 km 计,n 为单程测站数,f 以 mm 计。高差理论值 $\sum h_{理}$ 分别按式(3-21)、式(3-23)和式(3-25)求得。

4. 水准测量的内业计算

(1)高差闭合差 f_h 的计算与检核

1)闭合水准

由于路线的起点与终点为同一点,其高差 $\sum h_{测}$ 的理论值应为 0,即:

$$\sum h_{理闭} = 0 \tag{3-21}$$

代入式(3-16)得

$$f_h = \sum h_{测} \tag{3-22}$$

然后按式(3-17)进行外业计算的成果检核,验算是否符合规范要求。验算通过后,方能进入下一步高差改正数的计算。否则,必须进行补测,直至达到要求为止。

2)附合水准

由于路线的起、终点 A、B 为已知点,两点间高差观测值 $\sum h_{测}$ 的理论值应为:

$$\sum h_{理附} = H_R - H_A \tag{3-23}$$

代入式(3-16)得

$$f_h = \sum h_{测} - (H_B - H_A) \tag{3-24}$$

同理,按式(3-17)对外业的成果进行检核,通过后方能进入下一步计算。

3）支线水准

由于路线进行往返观测，高差 $\sum h_{往} - (- \sum h_{返})$ 的理论值应为：

$$\sum h_{理支} = 0 \tag{3-25}$$

代入式（3-16）得

$$f_h = \sum h_{往} + \sum h_{返} \tag{3-26}$$

同理，也用前述方法对外业的成果进行检核。

（2）高差改正数 v_i 的计算与高差闭合差调整

1）高差改正数 v_i 计算

对于闭合水准和附合水准，在满足 $f_h \leqslant f_{h容}$ 条件下，允许对观测值 $\sum h_{测i}$ 施加改正数 v_i，使之符合理论值。改正的原则是：将 f_h 反号，按测程 L 或测站 n 成正比分配。设路线有 i 个测段（两水准点间的水准路线，$i = 1, 2, 3, \cdots$），第 i 测段的水准路线长度为 L_i（以 km 计）或测站数为 n_i，总里程或总测站数为 $\sum L$ 或 $\sum n$，则测段高差改正数为：

$$v_i = \frac{-f_h}{\sum L} L_i \ 或 \ v_i = \frac{-f_h}{\sum n} n_i \tag{3-27}$$

改正数凑整至 mm，并按下式进行验算：

$$\sum v_i = -f_h \tag{3-28}$$

若改正数的总和不等于闭合差的反数，则表明计算有错，应重算。因凑整引起的微小不符值可加分配在任一测段上。

2）调整后高差计算

高差改正数计算经检核无误后，将测段实测高差 $\sum h_{测i}$ 加以调整，加入改正数 v_i 得到调整后的高差 $\sum h_i{}'$，即：

$$\sum h'_i = \sum h_{测i} + v_i \tag{3-29}$$

调整后线路的总高差应等于它相应的理论值，以资检核。

对于支线水准，在 $f_h \leqslant f_{h容}$ 条件下，取其往返高差绝对值的平均值作为观测成果，高差的符号以往测为准。

（3）高程计算

设 i 测段起点的高程为 H_{i-1}，则终点高程 H_i 应为：

$$H_i = H_{i-1} + \sum h'_i \tag{3-30}$$

从而可求得各测段终点的高程，并推算至已知点进行检核。

【例 3-2】 某平地附合水准路线，BM_A、BM_B 为已知高程水准点，各测段的实测高差及测段路线长度如图 3-11 所示。该水准路线成果处理计算列入表 3-4 中。

图 3-11 附合水准路线计算图

表 3-4 附合水准路线测量成果计算表

点号	路线长度 L(km)	测站数 n_i	实测高差 h_i(m)	改正数 v_i(mm)	改正后高差 h_i'(m)	高程 H_i(m)	备注
BM$_A$						56.543	
	0.60		+1.331	−2	+1.329		
1						57.872	
	2.00		+1.813	−8	+1.805		BM$_A$、BM_B 的高程为已知
2						59.677	
	1.60		−1.424	−6	−1.431		
3						58.247	
	2.05		+1.340	−8	+1.332		
BM$_B$						59.579	
	6.25		+3.060	−24	+3.036		
辅助计算							

辅助计算：

$$f_h = \sum h_{测} - (H_B - H_A) = +24\text{mm} \quad f_{h容} = \pm 40\text{mm}\sqrt{L} = \pm 100\text{mm}$$

$$f_h \leqslant f_{h容} \qquad\qquad 符合精度要求$$

$$v_{il} = -f_h/L = -24\text{mm}/6.25\text{km} = -3.8\text{mm/km} \qquad \sum v_i = -24\text{mm} = -f_h$$

三、四等水准测量

1. 主要技术要求

三、四等水准测量除用于国家高程控制网加密外，还常用于建立局部区域地形测量、工程测量高程首级控制，其高程应就近由国家高一级水准点引测。根据测区条件和用途，三、四等水准路线可布设成闭合或附合水准路线，水准点应埋设普通标石或做临时水准点，亦可和平面控制点共享，三、四等水准测量的技术要求见表 3-5。

表 3-5 三、四等水准测量技术指标

等级	水准仪	水准尺	视线高度 (m)	视线长度 (m)	前后视距差 (m)	前后视距累计差 (m)	红黑面读数 (mm)
三	DS$_3$	双面	≥0.3	≤75	≤3.0	≤6.0	≤2
四	DS$_3$	双面	≥0.2	≤100	≤5.0	≤10.0	≤3

等级	红黑面高差之差(mm)	观测次数		往返较差、附合或闭合路线闭合差	
		与已知点连测	附合或闭合路线	平地(mm)	山地(mm)
三	≤3.0	往返各一次	往返各一次	$\pm 12\sqrt{L}$	$\pm 4\sqrt{n}$
四	≤5.0	往返各一次	往一次	$\pm 20\sqrt{L}$	$\pm 6\sqrt{n}$

注：计算往返较差时，L 为单程路线长，以 km 计；n 为单程测站数。

2. 一个测站的观测程序

三、四等水准测量采用成对双面尺观测。测站观测程序(表 3-6)如下。

安置水准仪,粗平。

瞄准后视尺黑面,读取下、上、中丝的读数,记入手簿(1)、(2)、(3)栏。

瞄准前视尺黑面,读取下、上、中丝的读数,记入手簿(4)、(5)、(6)栏。

瞄准前视尺红面,读取中丝的读数,记入手簿(7)栏。

瞄准后视尺红面,读取中丝的读数,记入手簿(8)栏。

以上观测程序归纳为"后、前、前、后",可减小仪器下沉误差。四等水准测量亦可按"后,后,前,前"程序观测。

上述观测完成后,应立即进行测站计算与检核,满足表 3-5 的限差要求后,方可迁站。

表 3-6　三、四等水准测量手簿

仪器型号:DS$_3$　　　观测日期:2002.5.8　观　测:严　瑾　　　计算:金熙:
仪器编号:9703281　　天　气:晴　　　　记　录:任　珍　　　复核:付泽

测站编号	测点编号	后尺 下丝 上丝 / 后视距(m) / 视距差 Δd(m)	前尺 下丝 上丝 / 前视距(m) / $\sum \Delta d$(m)	方向及尺号	中丝读数(m) 黑面	中丝读数(m) 红面	$K+$黑一红 (mm)	高差中数	备注
		(1)	(4)	后—	(3)	(8)	(14)		$K_1=4.787$ $K_2=4.687$
		(2)	(5)	前—	(6)	(7)	(13)	(18)	
		(9)	(10)	后一前	(15)	(16)	(17)		
		(11)	(12)						
1	BM$_A$～ZD$_1$	1.614	0.774	后—01	1.384	6.171	0		
		1.156	0.326	前—02	0.551	5.239	−1	+0.8325	
		45.8	44.8	后一前	+0.833	+0.932	+1		
		+1.0	+1.0						
2	ZD$_1$～ZD$_2$	2.188	2.252	后—02	1.934	6.622	−1		
		1.682	1.758	前—01	2.008	6.796	−1	−0.0740	
		50.6	49.4	后一前	−0.074	−0.174	0		
		+1.2	+2.2						
3	ZD$_2$～ZD$_3$	2.049	2.066	后—01	1.726	6.512	+1		
		1.682	1.688	前—02	1.866	6.554	−1	−0.1410	
		36.7	37.8	后一前	−0.140	−0.042	+2		
		−1.1	+1.1						

续表

测站编号	测点编号	后尺 下丝/上丝 后视距(m) 视距差 Δd(m)	前尺 下丝/上丝 前视距(m) ΣΔd(m)	方向及尺号	中丝读数(mm) 黑面	中丝读数(mm) 红面	K+黑-红(mm)	高差中数	备注
4	$ZD_3 \sim ZD_4$	1.922	2.220	后—02	1.832	6.520	−1		
		1.529	1.790	前—01	2.007	6.793	+1	−0.1740	
		39.3	43.0	后—前	−0.175	−0.273	−2		
		−0.5	+0.6						
5	$ZD_4 \sim ZD_5$	2.041	2.820	后—01	1.304	6.093	−2		
		1.622	2.349	前—02	1.585	7.271	+1	−1.2795	
		41.9	47.1	后—前	−1.281	−1.178	−3		
		−1.1	−0.9						
每页计算检核		$\sum(9)=228.2$ $\sum(10)=224.1$ $\sum(9)-\sum(10)=4.1$ =5站(12) $L=\sum(9)+\sum(10)$ =452.3		$\sum(3)=8.180$　　$\sum(8)=31.918$　　$\sum(6)=9.017$ $\sum(7)=32.653$　　$\sum(15)=-0.837$　　$\sum(16)=-0.735$ $\sum[(3)+(8)]=40.098$　　$\sum(18)=-0.8360$ $-)\sum[(6)+(7)]=41.670$　$\sum\sum(18)=-1.6720=-1.572$ $\sum[(15)+(16)-0.100]=-1.672$　　计算无误						

3. 测站计算与检核

(1)视距计算与检核

后视距 $d_后$：$(9)=[(1)-(2)]\times 100$

前视距 $d_前$：$(10)=[(4)-(5)]\times 100$

前后视距差 Δd：$(11)=(9)-(10)$

前后视距累计差 $\sum\Delta d$：$(12)=$上站$(12)+$本站(11)

以上计算的 $d_后$、$d_前$、Δd、$\sum\Delta d$ 均应满足表 2-3 的规定，以满足中间法的要求。因此，每站安置仪器时，尽可能使 $\sum d_后 = \sum d_前$。

(2)读数检核

设后、前视尺的红、黑面零点常数分别为 K_1（如 4.787）、K_2（如 4.687），同一尺的黑、红面读数差为：

前视尺　　　　$(13)=(6)+K_2-(7)$

后视尺　　　　$(14)=(3)+K_1-(8)$

(13)、(14)之值均应满足表 3-5 的要求，即三等水准不大于 2mm，四等水准不大于 3mm，否则应重新观测。满足上述要求即可进行高差计算。

（3）高差计算与检核

黑面高差： （15）＝（3）－（6）

红面高差： （16）＝（8）－（7）

红黑面高差之差（较差）： （17）＝（15）－［（16）±100mm］＝（14）－（13）

（17）对于三等水准应不大于 3mm，四等水准不大于 5mm。上式中 100mm 为前、后视尺红面的零点常数 K 的差值。正、负号可将（15）和（16）相比较确定，当（15）小于（16）且接近 100mm 时，取正号；反之，取负号。上述计算与检核满足要求后，取平均值作测站高差。即：

$$(18)＝[(15)＋(16)±100mm]/2$$

上述计算与检核如表 3-6 所示。

4. 全路线的计算与检核

当观测完一个测段或全路线后，对水准测量记录按每页或测段进行检核（表 3-6）。

高差检核：

$$\sum(15) = \sum(3) - \sum(6) \qquad \sum(16) = \sum(8) - \sum(7)$$

$$\sum(15) + \sum(16) = \sum[(3) + (8)] - \sum[(6) + (7)] = 2\sum(18) \qquad （偶数站）$$

$$\sum(15) + \sum(16) = \sum[(3) + (8)] - \sum[(6) + (7) ± 100mm] = 2\sum(18)$$

（奇数站）

视距检核：

$$本页 \sum(9) - 本页 \sum(10) \Rightarrow 本页末站(12) - 前页末站(12)$$

$$终点站(12) = \sum(9) - \sum(10)$$

上述检核无误后，则测段或全路线总长度为：

$$L = \sum(9) + \sum(10)$$

5. 三、四等水准测量成果处理

经过上述检核符合表 3-5 的要求后，依水准路线的形式，按内业计算的方法计算出高差闭合差 f_h。若 f_h 满足表 3-5 的技术要求，再进行闭合差调整，计算出各水准点的高程。

四、水准测量误差分析

1. 水准仪应满足的条件

根据水准测量原理，水准仪必须提供一条水平视线，才能正确地测出两点间的高差。为此，水准仪应满足以下条件：

①圆水准器轴应平行于竖轴，即 $L_0L_0 /\!/ VV$；

②十字丝中横丝应垂直于竖轴 VV；

③水准管轴应平行于视准轴，即 $LL /\!/ CC$。

通过仪器检验工作可以检查水准仪是否满足上述关系，通过校正工作调整校正螺丝可以使仪器满足上述关系。

2.水准测量误差分析

测量仪器制造不可能完善,经检验校正也不能完全满足理想的几何条件;同时,由于观测人员感官的局限和外界环境因素的影响,观测数据不可避免地存在误差。为了保证应有的观测精度,测量工作者应对测量误差产生的原因、性质及防止措施有所了解,以便将误差控制在最小程度。

测量误差主要来源于仪器误差、观测误差和外界环境产生的误差三个方面。水准测量也不例外。

(1)仪器误差

1)视准轴不平行水准管轴产生的误差

仪器经校正后,仍有残余误差;当仪器受震或使用日久,两轴线间会产生微小 i 角。即使水准管气泡居中,视线也不会水平,从而使标尺上的读数产生误差。采用前后视距相等(即"中间法")观测可以消除其影响。

2)望远镜调焦透镜产生的误差

物镜对光时,调焦镜应严格沿光轴前后移动。由于仪器受震或仪器陈旧等原因,调焦镜不能沿光轴运动,造成目标影像偏移,导致不能正常读数。这项误差随调焦镜位置不同而变化,根据同距离等影响的原则,采用中间法前后视仅做一次对光,可削弱或消除其误差。

3)水准尺产生的误差

这项误差包括尺长误差、分划误差和零点误差,它直接影响读数和高差精度。经检定不符合尺长误差、分划误差规定要求的水准尺应禁止使用。对于尺长误差较大的尺,在精度要求较高的水准测量中,应对读数进行尺长误差改正。零点误差是由于尺底不同程度磨损而造成的,成对使用的水准尺可在测段内设偶数站进行误差消除。这是因为水准尺前后视交替使用,相邻两站高差的影响值大小相等符号相反。

(2)观测误差

观测误差是与观测过程有关的误差项,主要由观测者自身素质、人眼判断能力及仪器本身精度限制所导致。因此,要减弱这些误差项的影响,要求测量工作人员严格、认真遵守操作规程。具体来说,误差项主要包括:

①水准管气泡的居中误差;

②估读水准尺的误差;

③视差的影响;

④水准尺倾斜的影响。

(3)外界环境因素的影响

1)仪器下沉

由于观测过程中仪器下沉,使视线降低,从而使观测高差产生误差。此种误差可通过采用"后、前、前、后"的观测程序减弱其影响。

2)尺垫下沉

如果在转点发生尺垫下沉,将使下站的后视读数增大,这将引起高差误差。采用往、返观测的方法,取成果的中数,可以减弱其影响。

3)地球曲率及大气折光的影响

如图 3-12 所示,水准面是一个曲面,而水准仪观测时是用一条水平视线来代替本应与大地水准面平行的曲线进行读数,因此会产生地球曲率所导致的误差。由于地球半径较大,可以认为当水准仪前、后视距相等时,用水平视线代替平行于水准面的曲线,前、后尺读数误差相等。

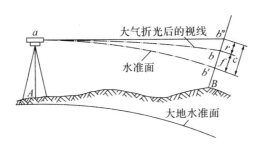

图 3-12　地球曲率及大气折光误差

另外,由于大气密度不均匀,受大气折光的影响,视线会发生弯曲,大气折光给读数带来的影响与视距长度成比例。前后视距相等可消除大气折光的影响,但当视线距地面太近时,大气会影响水准测量的精度。

综上所述,在水准测量作业时,若控制视线离地面的高度(大于 0.3m),并尽量保持前后视距相等,可大大减弱地球曲率及大气折光对高差结果的影响。

4)温度影响

当烈日照射水准管时,由于水准管本身和管内液体的温度升高,气泡向着温度高的方向移动,从而影响仪器水平,产生气泡居中误差。因此观测时要用阳伞遮住仪器,避免阳光直射,或者使测量工作避开阳光强烈的中午时段。

第四章　大地比例尺测量

本章主要介绍地形图的相关基本知识,通过学习,应当了解地物符号的种类,掌握等高线的基本知识;了解地形图的图名、编号、图廓、接合;初步掌握地形图的·施测方法;了解地形图的拼接、检查、整饰方法;了解地籍测量及数字化测图等相关知识。

第一节　地形图的基本知识

为了方便测图和用图,地形图上的地物和地貌要求用国家规定的符号来表示,这些符号称为地形图图示。

一、地物的表示方法

根据地物形状大小和描绘方法的不同,地物符号可分为比例符号、非比例符号、半比例符号和地物注记四种类型。

1)比例符号。它是将地物的形状、大小和位置按测图比例尺缩小,并用规定的符号绘在图纸上,如房屋、森林、湖泊等。

2)非比例符号。有些地物轮廓较小,无法将其形状和大小按比例尺缩绘到图上,则采用相应的规定符号表示,如测量控制点、旗杆、水塔等。非比例符号只能表示物体的位置和类别,不能用来确定物体的尺寸。

3)半比例符号。地物的长度可按比例缩绘,而宽度不可按比例缩绘,如管道、篱笆、输电线路等一些带状地物。半比例符号只能表示地物的长度和位置(符号中心线与地物中心线一致),不能表示宽度。

4)地物注记。对地物加以说明的文字、数字或特有符号称为地物注记。如地名、村名、校名,房屋的层数、控制点的高程,河流、沟渠的流向等。

二、地貌的表示方法

地貌是指地球表面高低起伏的形态,如山岭、谷地、平原、盆地等。地貌的表示方法有很多,大比例尺地形图中常用等高线表示地貌,因其不仅能表示出地面的高低起伏,而且可用于求得地面的坡度和高程。

1.等高线的概念

地面上高程相同的相邻各点连成的闭合曲线,称为等高线。

如图 4-1 所示,雨后小山上静止的积水,当积水高程为 50m 时,水面与小山的交线就是 50m 的等高线;若水位升高至 60m,70m,则得 60m,70m 的等高线。将这些等高线沿铅垂方向投影到水平面上,并用规定的比例尺缩绘在图纸上,从而将小山用等高线表示在地形图上。

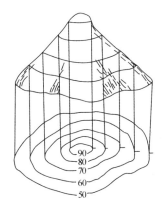

图 4-1　等高线表示

2.等高距和等高线平距

相邻等高线之间的高差称为等高距,也称为等高线间隔,用 h 表示。如图 4-1 中的等高距为 10m。图中相邻等高线之间的水平距离称为等高线平距,用 d 表示。则地面坡度 i 可表示为:

$$i = \frac{h}{dM} \tag{4-1}$$

式中:M 为比例尺分母。

由于在同一幅地形图上等高距 h 是相同的,所以,地面坡度 i 与等高线平距 d 成反比。即地面坡度较缓时,其等高线平距较大,等高线较稀疏;地面坡度较陡,则其等高线平距较小,等高线显得密集。因此,可根据等高线的疏密判断地面坡度的缓与陡。

如果等高距过小,会使图上的等高线过密;如果等高距过大,则不能正确反映地面的高低起伏状况。所以,基本等高距的大小应根据测图比例尺与测区地形情况来确定的。等高距的选用可参见表 4-1。

表 4-1　　地形图的基本等高距　　　　　　　　　　（单位：m）

地 形 类 别	比例尺			
	1：500	1：1000	1：2000	1：5000
平地（地面倾角：$\alpha<3°$）	0.5	0.5	1	1
丘陵（地面倾角：$3°\leqslant\alpha<10°$）	0.5	1	1	2
山地（地面倾角：$10°\leqslant\alpha<25°$）	1	1	2	2
高山地（地面倾角：$\alpha\geqslant25°$）	1	2	2	5

3. 等高线的特性

1) 同一条等高线上各点的高程相同。

2) 等高线必定是闭合曲线，如果不在本图幅内闭合，则必在相邻的图幅内闭合。

3) 除在悬崖、陡崖处外，不同高程的等高线不能相交或重合。

4) 山脊、山谷的等高线与山脊线、山谷线正交。

5) 同一幅地形图的等高距相同。等高线密集，则地面坡度较陡；等高线稀疏，则地面坡度较缓。

4. 等高线的分类

为了更详尽地表示地貌的特征，地形图上的等高线分为四种类型，如图 4-2 所示。

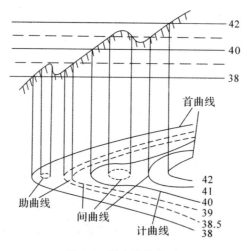

图 4-2　等高线的类型

（1）首曲线

在同一幅地形图上，按规定的基本等高距描绘的等高线称为首曲线，也叫基本等高线。用 0.15mm 的细实线描绘。如图 4-2 中高程为 38m、42m 的等高线。

（2）计曲线

每隔四条首曲线便加粗一条等高线，称为计曲线，也叫加粗等高线。用 0.3mm 的粗实线绘出。为了方便读图，需要在计曲线适当位置注记高程。如图 4-2 中高程为 40m 的等高线。

（3）间曲线

当首曲线无法表示局部地貌时,按二分之一基本等高距加绘的等高线称为间曲线,也叫半距等高线。间曲线用细长虚线表示。如图 4-2 中高程为 39m、41m 的等高线。

（4）助曲线

当用间曲线还不能表示局部地貌时,按四分之一基本等高距再加绘的等高线称为助曲线。助曲线用细短虚线表示。如图 4-2 中高程为 38.5m 的等高线。

5.典型地貌的等高线

地貌的形态复杂多样,总体来说,是由山头、洼地、山脊、山谷、鞍部、陡崖等几种典型地貌组合而成。掌握这些典型地貌的等高线特点,有助于地形图的识读、应用和测绘。

（1）山头和洼地的等高线

山头和洼地的等高线都是一组闭合曲线。如图 4-3(a)所示,等高线的高程由内向外越来越小,则是山头;由内向外越来越大,则是洼地,如图 4-3(b)所示。如果没有标注等高线高程,也可用示坡线区别山头与洼地。示坡线是一条垂直于等高线并指示坡度下降方向的短线,如图示 4-3(a)、4-3(b)所示。

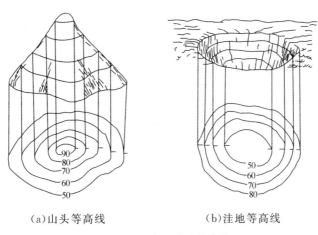

(a)山头等高线　　　　　　　　(b)洼地等高线

图 4-3　山头和洼地等高线

（2）山脊与山谷的等高线

沿着一个方向延伸的高地称为山脊,山脊上最高点的连线称为山脊线(又称分水线)。相邻山脊间沿着一个方向延伸的洼地称为山谷,山谷最低点的连线称为山谷线(又称集水线)。山脊与山谷的等高线都是一组凸形曲线,山脊的等高线凸向低处,如图 4-4(a)所示。山谷的等高线凸向高处,如图 4-4(b)所示。等高线与山脊线、山谷线正交。

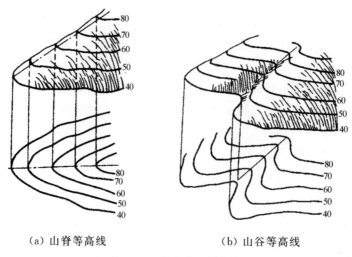

（a）山脊等高线　　　　　　　　　（b）山谷等高线

图 4-4　山脊和山谷等高线

（3）鞍部的等高线

两相邻山头之间呈马鞍形的低凹部分称为鞍部。鞍部等高线的特点是在一圈大的闭合曲线内，套有两组小的闭合曲线，如图 4-5 所示。

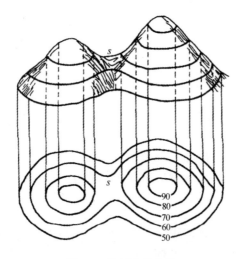

图 4-5　鞍部的等高线

（4）陡崖和悬崖的表示方法

陡崖是指坡度在 70°以上或为 90°的陡峭崖壁。陡崖处的等高线非常密集，甚至有可能重叠，因此，在地形图上要用陡崖符号表示，如图 4-6 所示。图 4-6（a）所示为石质陡崖，图 4-6（b）所示为土质陡崖。

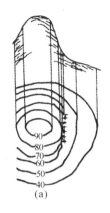 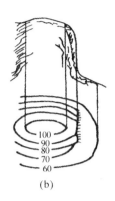

图 4-6　陡崖的表示方法

上部凸出，下部凹进的陡崖称为悬崖。悬崖上部的等高线投影到水平面时，与下部的等高线相交，一般将下部凹进的等高线用虚线表示，如图 4-7 所示。

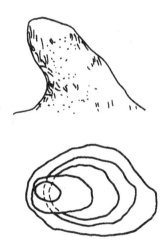

图 4-7　悬崖的等高线

图 4-8 为某一地区综合地貌的地形图，读者可对照前述基本地貌的表示方法进行阅读。

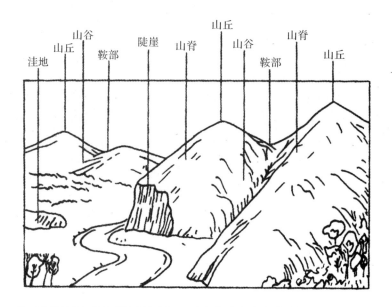

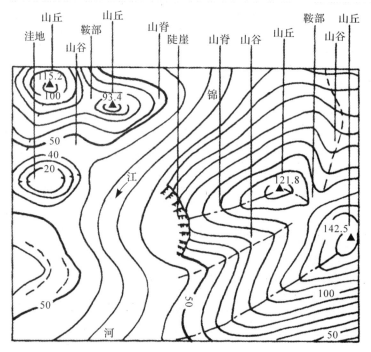

图 4-8　综合地貌及其等高线表示方法

第二节　地形图分幅编号与图外标记

一、地形图分幅编号

为了便于测绘、管理和使用地形图,需要将各种比例尺的地形图统一分幅和编号。地形图的分幅方法有两类:①按经纬线分幅的梯形分幅法;②按坐标格网分幅的矩形分幅法。前者用于国家基本比例尺地形图,后者用于工程建设大比例尺地形图,图幅大小如表 4-2 所示。

表 4-2　矩形分幅及面积

比例尺	图幅大小(cm×cm)	实地面积(km^2)	一幅 1∶5000 图所含幅数
1∶5000	40×40	4	1
1∶2000	50×50	1	4
1∶1000	50×50	0.25	16
1∶500	50×50	0.0625	64

矩形分幅与编号一般采用下列几种方法:

(1)西南角坐标千米数编号法

采用该图幅西南角坐标 x、y(以 km 为单位)作为编号。西南角坐标为 $x=34.0$km,$y=56.0$km,所以编号为 34.0-56.0。编号时,比例尺为 1∶5000 的地形图,坐标取至 1km;1∶2000、1∶1000 的地形图取至 0.1km;1∶500 的地形图取至 0.01km。

(2)行列式编号法

将图幅划分成若干行和列,先用大写字母 A、B、C、D……编行号,由上至下编写;再用阿拉伯数字 1、2、3、4……编列号,由左向右编写。如图 4-9 所示。

(3)自然序数编号法

将图幅按从左到右、从上到下的顺序进行编号。如图 4-10 所示。

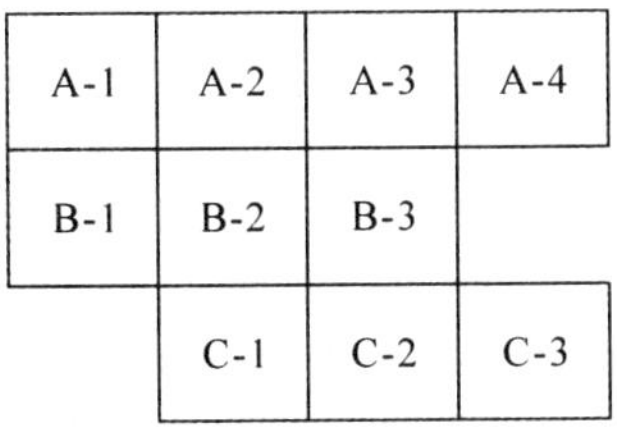

图 4-9　行列式编号法

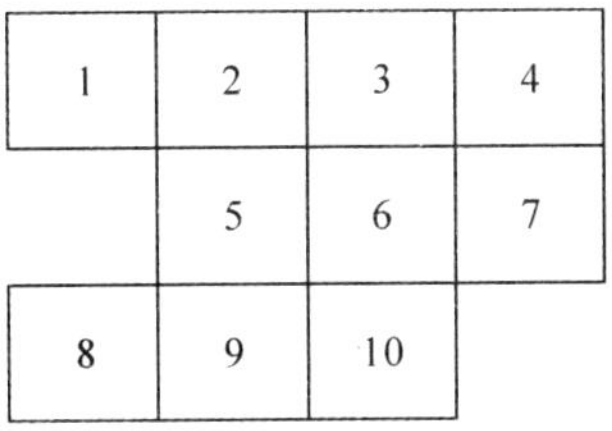

图 4-10　自然序数编号法

(4)基础图号编号法

在面积较大的测区,地形图可能由不同比例尺绘出。为便于地形图的测绘、图形拼接、编绘、存档、管理与应用,应以最小比例尺图为基础,进行地形图的编号。如图 4-11 所示,一幅 1 : 5000 的地形图编号为 20-60,以此地形图为基础,其他较大比例尺图幅的编号在它的编号后面加罗马数字Ⅰ、Ⅱ、Ⅲ、Ⅳ。

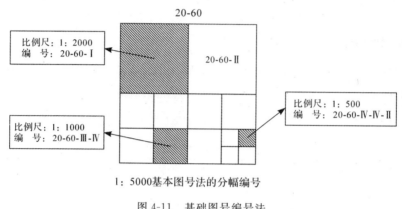

1 : 5000基本图号法的分幅编号

图 4-11　基础图号编号法

二、地形图图外注记

为了方便图纸的管理和使用,在地形图的图框外有许多必需的注记。如图名、图号、接图表、比例尺、图廓和坐标格网等。

(1)图名和图号

图名是指本图幅的名称。通常以本图幅内最著名的地名、村庄或厂矿企业的名称、突出的地物、地貌等的名称来命名。

(2)接图表

为了说明本图幅与相邻图幅间的联系,便于查找相邻图幅,在图幅左上角列出相邻图幅名,斜线部分表示本图的位置。

(3)比例尺

在每幅图的下方中央标注测图的数字比例尺,并在其下方绘出图示比例尺。

(4)图廓和坐标格网

图廓是地形图的边界线,有内、外图廓之分。内图廓是分幅时的坐标格网或经纬线,是图幅的边界线,用细线绘出。外图廓线是图幅最外围的边线,用粗线绘出,仅起装饰作用。内、外图廓线相距 12mm。在内图廓线内侧,每隔 10cm 绘有 5mm 的短线,表示坐标格网线的位置。图幅内每隔 10cm 绘有坐标格网交叉点,交叉点与坐标格网位置短线的连线构成坐标格网。

第三节　地形图测绘

一、地形图测绘前的准备工作

测图前,除做好仪器、工具及资料的准备工作外,还应着重做好测图板的准备工作。它包括图纸的选用,绘制坐标格网及展绘控制点等工作。

1.图纸选用

为了保证测图的质量,应选用质地较好的图纸。目前,地形图测绘大多采用一面打毛的聚脂薄膜作图纸,其厚度为 0.07～0.1mm,具有透明度好、伸缩性小、不怕潮湿、牢固耐用等优点。玷污后还可用水洗涤,并可直接在底图上着墨复晒蓝图。但聚脂薄膜有易燃、易折和易老化等缺点,故在使用过程中应注意防火防折。

2.绘制坐标格网

为了准确地将图根控制点展绘在图纸上,首先要在图纸上精确地绘制 10cm×10cm 的直角坐标格网。绘制坐标格网可用坐标仪或坐标格网尺等专用工具。

如图 4-12 所示,先用直尺在图纸上画两条对角线,交于 O 点,然后以 O 点为中心,沿对角线量取 4 段相等长度,得到 A、B、C、D 四点,连接这四点便得矩形 $ABCD$。从 A、B 点起沿 AD、BC 向右每隔 10cm 截取一点,可得 $1'$、$2'$、$3'$、$4'$、$5'$ 点,再从 A、D 点起沿 AB、CD 向上每隔 10cm 截取一点,可得 1、2、3、4、5 点,连接各点即为 10cm×10cm 正方形坐标格网。

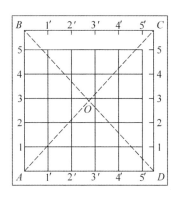

图 4-12　对角线法绘制方格网

坐标格网绘制好后,应进行检查。先检查方格同一方向对角线角点是否在同一直线上,即将直尺沿方格对角线方向放置,方格角点应在同一直线上,误差不得大于 0.2mm;再检查各个方格对角线长度,其值应为 14.14cm,允许误差为 ±0.2mm;另外,图廓对角线长度与理论长度之差的允许值为 ±0.3mm,如果超过允许误差,须将网格进行修改或重绘。同时注意在坐标格网外注明横、纵坐标值。

3.展绘控制点

展点时,先要根据控制点的坐标,确定所在的方格。如图 4-13 所示,控制点 A 的坐标值 $x_A=764.30$m,$y_A=567.15$m,根据方格网的坐标值可知该点位于 $klmn$ 方格内。由 k、n 点向上截取 64.30m 得 a、b 两点;再由 k 和 l 向右截取 67.15m 得出 c、d 两点。连接 ab 和 cd,其交点就是控制点 A 在图上的位置。用同样方法将图幅内所有控制点展绘在图纸上。最后用比例尺量出各相邻控制点之间的距离,与相应的实地距离比较,其差值不应超过图上 0.3mm。若误差在允许范围内,按图式规定绘出控制点符号,并在点的右侧以分数形式注明点号及高程,如图 4-13 中 E 点。

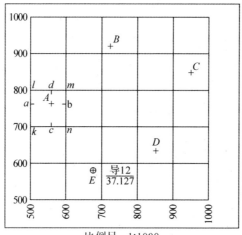

图 4-13　控制点的展绘

二、地形图的施测方法

地形图施测可采用传统测绘方法、航空摄影测量成图法及数字测图法。这里详细介绍传统测绘方法中的小平板仪与经纬仪联合测图法和经纬仪测绘法。

1. 小平板仪与经纬仪联合测图

平板仪是在野外直接测图的一种仪器,由平板和照准仪组成。平板又由测图板、基座和三脚架组成;照准仪由望远镜、竖直度盘、支柱和直尺构成。其作用同经纬仪的照准部相似,所不同的是沿直尺边在测图板上画方向线,以代替经纬仪的水平度盘读数。平板仪测图法精度可靠,作业组织简单。

小平板仪与经纬仪联合测图是将小平板仪安置在测站上,照准立尺点方向;将经纬仪安置在测站旁,对碎部点进行视距测量;最后用测图比例尺按所测水平距离在方向线上定出碎部点的位置。其作业步骤如下:

1)如图 4-14 所示,将经纬仪安置在测站点 A 旁的 A' 点上,与 A 点距离 1.5～2.0m,使之不影响小平板仪照准各立尺点。

2)在 1 点立标尺,经纬仪对中、整平,并将望远镜置平(水准管气泡居中,竖盘读数为 90°00′00″),瞄准测站标尺,读中丝读数,计算经纬仪的高程。

3)将小平板仪安置在测站点 A 上,对中、整平,按照图上的已知点 b 标定图板方向。

4)将照准仪直尺斜边贴靠在测站点 a 上,瞄准 A' 点,并再用皮尺量出 AA' 之间的距离,按测图比例尺沿该方向定出 A' 点在图上的位置 a'。

5)将照准仪的直尺边缘贴靠在测站点 a 上,对准碎部点 1 处的标尺,按视距测量法测定经纬仪至碎部点 1 的水平距离和高差。在图上展绘 1 点位置,用圆规以图上 a' 点为圆心,$A'1$ 在图上距离为半径画弧,它与照准仪直尺边缘相交的 1 点,就是所测碎部点在图上的位置。同法测定其他碎部点。

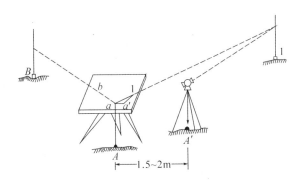

图 4-14　经纬仪与小平板仪联合测图

2.经纬仪测绘法

经纬仪测绘法是将经纬仪安置在测站上,测站旁安置绘图板。用经纬仪测定碎部点的方向与已知方向之间的水平角,用视距测量的方法测定测站到碎部点的水平距离和高差,然后根据所测数据按极坐标法用量角器和比例尺将碎部点展绘于图纸上,并在点的右侧注记高程,再对照实地按规定的图式符号勾绘地物、地貌。下面介绍某工作步骤。

(1)安置仪器和图板

如图 4-15 所示,将经纬仪安置在控制点 A 上,对中、整平,量取仪器高,将数据记入手簿。将图板安置在测站旁,用细针把量角器圆心插在控制点 A 上。

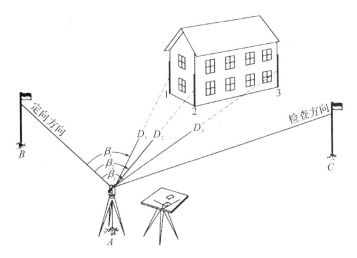

图 4-15　地形图的测绘

(2)定向

选定另一控制点 B 作为后视方向,用经纬仪瞄准 B 点,置水平度盘读数为 $0°00'00''$,作为碎部点测量的起始方向。在图纸上画出后视方向 BA。

(3)立尺、观测与记录

欲测碎部点 1,将标尺立在此点上,转动经纬仪照准部瞄准碎部点 1 的标尺,读取水平度盘读数,读上丝、下丝、中丝读数和竖盘读数,并依次填入手簿。

（4）计算

按视距测量公式计算测站 A 到碎部点 1 之间的水平距离、高差和点 1 的高程。

（5）展绘碎部点

根据经纬仪所测水平角值，转动量角器，使量角器上等于水平角 β 值的分划线对准起始方向线 BA，此时量角器的零刻划方向便是碎部点 1 的方向，然后根据所测水平距离，用测图比例尺刺出碎部点 1 的位置，并在该点的右侧注记高程。同法，测绘其他碎部点。

第四节　地形图绘制

在地形图测绘过程中，当碎部点展绘在图上后，即可参照实地情况随时描绘地物和等高线。若测量面积较大，地形图需要由多幅图拼接而成，还要对各图幅进行拼接、检查、整理，以保证制图质量。

一、地物的绘制

地形图测绘时，特征点的正确选择决定地物测绘的质量，如房屋的拐点，道路、河流的转折点，水塔、烟囱的中心点等。一般单独测定主要的特征点，再通过几何作图的方法绘出次要特征点。

当主要地物轮廓线的凸凹长度在地形图上超过 4mm 时，就应在图上绘出。如在 1∶1000的地形图上，主要建筑物的轮廓线的凸凹超过 4m 时，应在图上绘出。

绘制大比例尺地形图时，有以下几点原则。

1）当房屋的拐点较多时，只测定主要拐点（超过 2 个），确定相关长度后，其轮廓线按几何关系用推平行线法绘出。

2）圆形建筑物先测定中心，再测量半径，最后绘图；或者测定外轮廓线上三点，用作图法确定圆心位置，绘出外轮廓线。

3）公路两侧的边界线在实地测定后，在图上绘出；大路或小路可只测其中一侧的边界线，另一侧通过测量的路宽绘出。

4）道路、河流的转折点处的圆曲线边线要至少测定三点（起点、终点和中点），然后绘出。

5）围墙要测定特征点，在地形图上其外围的实际位置用半比例符号绘出。

在测图过程中，要做到随测随绘，以便图上地物与地上实体相对照，若出现错误可以及时发现，及时修正。

二、地貌的绘制

地貌特征点测定后，便开始等高线的勾绘。勾绘等高线时，首先用铅笔轻轻描绘出地性线（山脊线——实线、山谷线——虚线），再根据碎部点的高程勾绘等高线。不能用等高线表示的地貌，如悬崖、峭壁、土堆、冲沟等，应按图式规定的符号表示。

由于碎部点是选在地面坡度变化处，因此相邻点之间可视为均匀坡度。这样可在两相邻碎部点的连线上，按平距与高差的比例关系，内插出两点间各条等高线，然后定出其他相邻两碎部点间等高线应通过的位置。

（1）内插法

如图 4-16 所示，A、F 两点的高程分别为 57.4m 和 76.8m，取等高距为 5m，就有 60m、65m、70m、75m 的四条等高线通过，根据平距与高差成正比的原理，可在图上定出 b、c、d、e 四点。

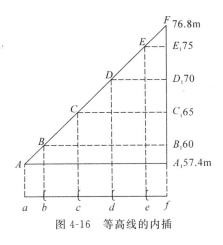

图 4-16 等高线的内插

（2）目估法

在实际工作中常用目估法勾绘等高线。如图 4-16 所示，先用内插法确定 b、e 的位置，然后再将 be 段三等分。即"先定头尾，后分中间"。如图 4-17 所示，为勾绘而成的某地等高线地形图。等高线的勾绘一般在测图现场进行，至少勾绘出计曲线，使勾绘的等高线能正确反映当地的地貌特征。

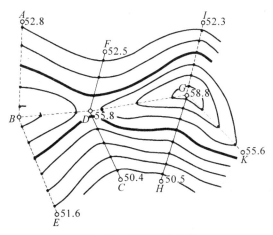

图 4-17 等高线的勾绘

三、地形图的拼接与检查

1. 地形图的拼接

当测区面积较大时，整个地形图须分成若干幅图进行测绘。在相邻图幅接边处，由于测量和绘图误差的存在,使得地物轮廓线和等高线不能完全吻合,如图 4-18 所示。拼接时用宽 5cm 左右的透明纸,先蒙在左幅图的边上,然后用铅笔将图廓线以内 1～2cm 范围内的地物、等高线、坐标网格、图廓线描绘到透明纸上。再把透明纸蒙到右图幅衔接边上,同样描绘出地物、等高线。若同一地物和等高线在接边处不重合,即为接边误差。目前常常采用聚酯薄膜测图,图纸本身具有半透明性,所以无须勾绘图边,直接将相邻两幅图的坐标格网线重叠,若相邻处的地物、地貌误差不超过表 4-3 中规定值的 2 倍时,则可取其平均位置进行修正。若误差超限,则应到实地测量检查和改正。

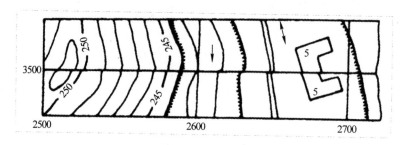

图 4-18 地形图的拼接

表 4-3 地物点平面位置中误差和地形点高程中误差

测区类别	点位中误差	平地	丘陵地	山地	高山地	备注
山地、高山地	图上 0.6mm	高程注记点的高程中误差				h 为基本等高距
		$h/3$	$h/2$	$2h/3$	h	
城镇与工矿建筑区、平地、丘陵地	图上 0.6mm	等高线插求点的高程中误差				
		$h/2$	$2h/3$	h	h	

2.地形图的检查

为保证地形图的质量,除在施测过程中做好检查外,测完后还须对成图质量作全面检查,检查分为室内检查和室外检查。

(1)室内检查

室内检查内容包括:图上地物、地貌是否清晰易读;各种注记符号有无遗漏;等高线勾绘是否正确;图边是否接好;各种记录、观测和计算手薄是否齐全无误。若发现错误或疑问,则做出标记,到野外实地检查后修改。

(2)室外检查

1)巡视检查

在室内检查的基础上,带着图纸沿着选定的路线进行合理的重点检查,检查地物、地貌有无遗漏或错误,等高线的勾绘是否与实地相符,各种符号注记是否与实地一致等。发现问题须当场解决。

2)仪器设站检查

如果室内检查或巡视检查时发现了错误或疑点,须将仪器架设到野外进行检查,并修正或补测。另外还须将仪器架设到图根控制点上，对一些重要的地物、地貌进行重测，仪器设站检查量一般为10％左右，如果发现问题，当场修正。

第五节　地籍测量

　　地籍是土地的位置、面积、质量、权属、利用现状等诸要素隶属关系的总称。调查和测定地籍要素、编制地籍图、建立和管理地籍信息系统的工作，称为地籍测量。地籍测量是土地管理工作的重要基础，它是以地籍调查为依据，以测量技术为手段，从控制到碎部，精确测出各类土地的位置与大小、境界、权属界址点的坐标与宗地面积以及地籍图，以满足土地管理部门及其他国民经济建设部门的需要。为满足地籍管理的需要，在土地权属调查的基础上，借助仪器，以科学方法，在一定区域内，测量每宗土地的权属界线、位置、形状及地类等，并计算其面积，绘制地籍图，为土地登记提供依据。它是土地管理的技术基础。要求分级布网、逐级控制，遵循"从整体到局部，先控制后碎部"的原则。

　　地籍测量的主要内容包括：地籍平面控制测量、地籍细部测量和地籍原图绘制。地籍平面控制测量是在地籍测量区内，依据国家等级控制点选择若干控制点，逐级测算其平面位置的过程；地籍细部测量是在地籍平面控制点的基础上，测定地籍要素及附属地物的位置，并按确定比例尺标绘在图纸上的测绘工作；地籍原图绘制是指面积的量算与汇总统计，成果的检查与验收工作。地籍测量必须以土地权属调查为先导，在地籍调查表及宗地草图的基础上进行，其成果是土地登记的依据。地籍测量的主要成果是基本地籍图，包括分幅铅笔原图和着墨二底图。地籍测量的精度要求及成图比例尺，取决于所测地区地籍要素的复杂程度及经济发展的要求。地籍基本图比例尺一般为1：500或1：1000，经济繁荣的城镇地区，精度要求较高，宜采用1：500，独立工矿区和村庄可采用1：2000。随着现代化仪器设备的出现和电子计算机技术的普遍应用，现代地籍测量区别于传统地籍测量的显著标志，在于地籍数据的获取、处理和地籍测量资料的管理方面，普遍采用电子计算机支持的现代化仪器设备，以求得较高程度的自动化。权属调查和地籍测量有着密切联系，但也存在着质的区别。前者主要是遵循规定的法律程序，根据有关政策，利用行政手段，确定界址点和权属界线的行政性工作；后者则主要是将地籍要素按一定比例尺和图示绘于图上的技术性工作。

　　1.地籍测量的原则

　　1)不宜重复建立测量组织。各省、市、区都有雄厚的测绘队伍，应合理组织，充分调动各方面的积极性，统筹安排，分工协作完成此任务，不必另起炉灶。

　　2)有关部门应联合成立地籍测量领导小组，负责组织一个省、一个市、一个县的地籍测量工作；任何一个单位(哪怕是在当地是最大的测绘单位)都是不可能独立承包这样大的系统工程的。据闻北京市曾初步规划要五六百人工作五六年才能完成，因此必须联合作战。

　　3)组织联合作战要认真研究五个步骤：①调查了解本地区可以承担此任务的测量力量；②调查各单位可以抽调出脱产搞地籍测量的人数(尤其是质量——人的素质)；③这批人要经过统一培训，学习统一的地籍测量规范，并经一段时间的实习，考核合格者，颁发上岗证书；④建立队伍后按经济承包责任制签订协议书；⑤每件成果、成品均按全面质量管理办法统一验收,保证按期保质地完成地籍测量任务。

2.地籍测量的特点

地籍测量与基础测绘和专业测量有着明显不同,其本质的不同表现在凡涉及土地及其附着物的权利的测量都可视为地籍测量,具体表现如下。

1)地籍测量是一项基础性的具有政府行为的测绘工作,是政府行使土地行政管理职能的具有法律意义的行政性技术行为。在国外,地籍测量被称为官方测绘。在我国,历次地籍测量都是由政府下令进行的,其目的是为保证政府对土地的税收并保护个人土地产权。现阶段我国进行地籍测量工作的根本目的是国家为保护土地、合理利用土地及保护土地所有者和土地使用者的合法权益,为社会发展和国民经济计划提供基础资料。

2)地籍测量为土地管理提供了精确、可靠的地理参考系统。由地籍的历史和地籍测量的历史可知,测绘技术一直是地籍技术的基础技术之一,地籍测量技术不但为土地的税收和产权保护提供精确、可靠并能被法律事实所接受的数据,而且借助现代先进的测绘技术为地籍提供了一个大众都能接受的具有法律意义的地理参考系统。

3)地籍测量是在地籍调查的基础上进行的。它在对完整的地籍调查资料进行全面分析的基础上,选择不同的地籍测量技术和方法完成测量。地籍测量成果根据土地管理和房地产管理或其他相关的要求提供不同形式的图、数、册等资料。

4)地籍测量具有勘验取证的法律特征。无论是产权的初始登记,还是变更登记或他项权利登记,在对土地权利的审查、确认、处分过程中,地籍测量所做的工作就是利用测量技术手段对权属主提出的权利申请进行现场勘查、验证,为土地权利的法律认定提供准确、可靠的物权证明材料。

5)地籍测量的技术标准必须符合土地法律的要求。地籍测量的技术标准既要符合测量的观点,又要反映土地法律的要求,它不仅表达人与地物、地貌的关系和地物与地貌之间的联系,而且同时反映和调节着人与人、人与社会之间的以土地产权为核心的各种关系。

6)地籍测量工作有非常强的现势性。由于社会发展和经济活动使土地的利用和权利经常发生变化,而土地管理要求地籍资料有非常强的现势性,因此必须对地籍测量成果进行适时更新,所以地籍测量工作比一般基础测绘工作更具有经常性的一面,且不可能人为地固定更新周期,而需及时、准确地反映实际变化情况。地籍测量工作始终贯穿于建立、变更、终止土地利用和权利关系的动态变化之中,并且是维持地籍资料现势性的主要技术之一。

7)地籍测量技术和方法是对当今测绘技术和方法的应用集成。地籍测量技术是普通测量、数字测量、摄影测量与遥感、面积测算、误差理论和平差、大地测量、空间定位技术等技术的集成式应用。根据土地管理和房地产管理对图形、数据和表册的综合要求组合不同的测绘技术和方法。

8)从事地籍测量的技术人员应有丰富的土地管理知识。地籍测量工作从组织到实施都非常严密,它要求测绘技术人员要与地籍调查人员密切配合,细致认真地作业。从事地籍测量的技术人员,应当具备丰富的测绘知识,同时具有不动产法律知识和地籍管理方面的知识。

第六节　全站仪数字化测图

全站仪数字化测图是以全站仪和计算机为核心,连接绘图仪器等输入输出设备,实现野外地图测绘自动化和数字化的过程。数字化测图与传统的平板白纸相比,具有自动化程度高,测图速度快,成图精度高,数据易存储、传输和共享,使用范围广等优点。全站仪数字化测图过程分为野外数据采集、计算机处理、成果输出三个阶段。

1. 野外数据采集

使用全站仪进行大比例尺野外数字测图,可分为测记法和电子平板法两种作业方法。

(1)测记法

该方法采用全站仪和电子手簿联合测图。将全站仪安置在测站点,并使其与电子手簿通过电信电缆连接,电子手簿将直接记录全站仪采集的数据。观测碎部点时,先绘制所测地区草图,并在草图上标注地形要素名称和碎部点连接关系。然后将所测数据通过电子手簿或全站仪传输到计算机,计算机通过测图软件在显示屏上显示碎部点点号和平面位置。根据绘制的草图,采用人机交互方式连接碎部点,输入地形信息码,编辑成图。

这种方法观测效率较高,外业观测时间较短,硬件配置要求低,但测图时要绘制草图,内业工作量大。

(2)电子平板法

将装有成图软件的笔记本电脑通过电缆线与测站上的全站仪连接,用电脑进行测量数据的记录、解算、建模,在测站及时编辑和修改地形图,实现了测图内外作业一体化。

这种方法现场成图,效果直观,但笔记本电脑具有耗电量大,防水、防晒能力差等缺点,难以适应恶劣的观测环境。

2. 数据处理

首先要进行数据预处理,即检查原始记录数据,删除废除标记或与生成图形无关的记录,补充碎部点坐标或修改错误的信息码。接着进行图形处理,根据点文件记录与地物相关的点并生成地物图块文件,记录与等高线有关的点并生成等高线图块文件,再进行等高线数据处理,即生成三角网数字高程模型。在三角形边上用内插法计算出等高线通过点的横、纵坐标值,然后搜出同在一条等高线上的点,将这些点依次连接,便形成每条等高线的图块记录。

3. 地形图的编辑与输出

通常采用人机交互的图形编辑技术,将屏幕上显示的图形与外业草图相对照,通过操作人员的判断,补测或重测漏测、错测的部分,使地物、地形的矛盾得以消除,检查补充文字注记说明及地形符号,进行图廓整饰等。也可增加、删除或修改图形的地形、地物。编辑后可利用绘图仪绘制任何比例尺的地形图。

第五章 地形图的应用

通过对地形图的读识,可以了解到图区内的地形地貌、交通路线、资源分布等,故而地形图广泛应用于国民经济建设中的各个领域。本章着重介绍地形图在工程建设中的应用,简要介绍地形图在城市建设中的应用及数字地形图的应用。

第一节 地形图应用的基本内容

一、确定图上点的平面坐标

地形图上任意一点的坐标,可根据坐标格网的坐标值确定。

如图 5-1 所示,欲求图上 A 点的坐标,先用直线连接 A 点所在方格网 $abcd$,然后过 A 点的坐标格网的作垂线 gh、ef,再量出 ae 和 ag 的长度,按式(5-1)计算 A 点的坐标。

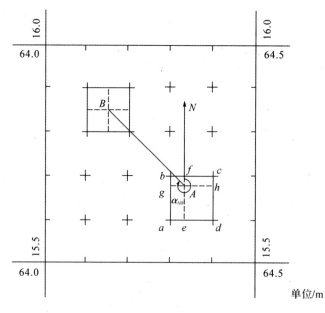

图 5-1 确定图上某点坐标

$$x_A = x_a + ag \cdot M \left.\right\}$$
$$y_A = y_a + ae \cdot M \left.\right\}$$ (5-1)

如果考虑图纸的伸缩变形,则按下式计算 A 点的坐标:

$$x_A = x_a + \frac{L}{ab}ag \cdot M \left.\right\}$$
$$y_A = y_a + \frac{L}{ab}ae \cdot M \left.\right\}$$ (5-2)

式中:x_a、y_a——a 点的坐标值;

　　ab、ad、ag、ae——图上量取的长度;

　　M——比例尺分母;

　　L——方格网理论长度,取 10cm。

二、确定图上点的高程

地形图上某一点的高程可通过等高线确定。若该点恰好在某一等高线上,那么该点的高程即为等高线的高程,如图 5-2 中的 A 点,其高程为 $H_A = 26m$。

如果该点在两条等高线之间,则应根据比例内插法确定该点的高程。如图 5-2 中 B 点,位于 27m、28m 的等高线之间,可通过 B 点作一条线段 MN,使之与两相邻等高线大致垂直,量出 MN、MB 的长度,则 B 点的高程为:

$$H_B = H_M + \frac{MB}{MN}h$$ (5-3)

式中:H_M——M 点的高程;

　　h——等高距。

实际求图上某点的高程时,通常目估 MN、MB 的比例来确定,如图 5-2 中的 B 点的高程可以目估为 27.7m。

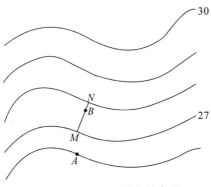

图 5-2　确定图上某点的高程

三、确定图上直线的长度和方向

欲求某一直线的距离和方向,可直接用比例尺量距,用量角器测直线的坐标方位角。

如果对所求直线长度和方向的精度要求较高时,须先确定两个点的坐标,再计算其长度和坐标方位角。如图 5-1 所示,欲求直线 AB 的长度和方位角,可先按式(5-1)或式(5-2)求出 A、B 两点的坐标,再按式(5-4)计算直线 AB 的距离 D_{AB} 和坐标方位角 α_{AB}。

$$\left.\begin{array}{l} D_{AB} = \sqrt{(X_B - X_A)^2 + (Y_B - Y_A)^2} \\ \alpha_{AB} = \arctan \dfrac{Y_B - Y_A}{X_B - X_A} \end{array}\right\} \tag{5-4}$$

四、确定图上直线坡度

用坡度或倾斜角表示地面的倾斜程度。如图 5-1 所示,欲求直线 AB 的坡度,可按式(5-5)计算:

$$i = \frac{h}{D} = \frac{H_B - H_A}{dM} \tag{5-5}$$

式中:h——A、B 两点间的高差;

$\quad D$——A、B 两点间的实地水平距离;

$\quad d$——A、B 两点在图上的长度;

$\quad M$——地形图比例尺分母。

坡度一般用百分率(%)或千分率(‰)表示。

五、图形面积的测算

在规划设计中,经常需要在图上量算一定范围的面积,常用的测算面积的方法很多,下面介绍几种常用的方法。

(1)透明方格纸法

透明方格纸法是将图形用若干小方格分隔,数出图形内的方格总数,从而求得图形面积。如图 5-3 所示,先将透明方格纸覆盖在图形上,数出图形内完整的方格数和不完整的方格数,再将不完整方格数拼凑估算成完整方格数,然后用方格总数乘以每个方格所表示的实地面积,即可测得该图形面积。

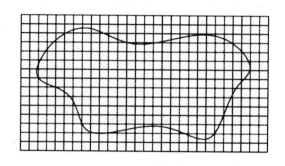

图 5-3　方格法计算面积

(2)梯形法

梯形法是将图形用若干等高的梯形分隔,根据梯形面积公式测算图形面积。

如图 5-4 所示,将绘有等距平行线的透明纸覆盖在图形上,并使两条平行线与曲线图形的边缘相切,则相邻两平行线之间的图形均可近似为梯形。用比例尺量出每条平行线在曲线内的长度 $l_1, l_2, \cdots, l_n$,则各梯形面积为:

$$A_1 = \frac{1}{2}h(0 + l_1)$$

$$A_2 = \frac{1}{2}h(l_1 + l_2)$$

$$\cdots$$

$$A_{n+1} = \frac{1}{2}h(l_n + 0)$$

图形总面积为:

$$A = A_1 + A_2 + \cdots + A_n + A_{n+1} = h\sum_{i=1}^{n}l_i \qquad (5\text{-}6)$$

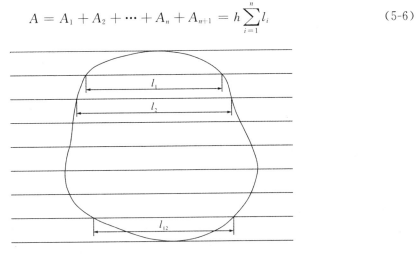

图 5-4　梯形法计算面积

(3)求积仪法

求积仪是一种专门量算图上面积的仪器,它操作简便,速度快,适用于任意形状图形的面积测算,并能保证一定的精度。求积仪有机械和电子求积仪两种。由于电子求积仪具有精度高、效率高、直观性强等特点,越来越受到人们的青睐,已逐步取代了机械求积仪。下面只介绍电子求积仪测量面积的方法。

1)电子求积仪的构造

图 5-5 所示是 KP-90N 型电子求积仪,主要由机能键、显示部、动极、动极轴、跟踪臂和跟踪放大镜组成。

2)电子求积仪的使用

①接通电源。按下"ON"键,显示"0";选择单位制、单位。

②安置图纸和电子求积仪。安置求积仪时,先将图纸固定在平整的图板上,要求板平、图纸平且固定。

③测量面积。将跟踪放大镜的中心点对准所测图形的起始点,按下"START"键,跟踪

放大镜的中心沿被测图形的轮廓线顺时针移动一周,最后回到起始点,在显示屏上将自动显示图形的面积和周长,按下"HOLD"键固定保存所测数据。

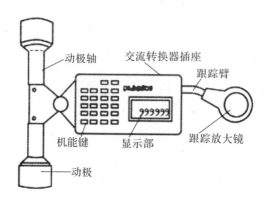

图 5-5　数字求积仪的构造

第二节　地形图在工程设计中的应用

一、按设计线路绘制断面图

在管道、隧洞、桥梁等工程设计中,往往需要了解沿线路方向的地面起伏情况,为此,需要利用地形图绘制所需方向的断面图。

如图 5-6 所示,欲沿 AB 方向绘制断面图,具体步骤如下。

1)在绘图纸上画两条互相垂直的直线,横轴表示距离,纵轴表示高程。为了明显地表示地面起伏情况,高程比例尺要比水平距离比例尺大 10~20 倍。

2)在地形图上沿路线的方向量取两相邻等高线间的水平距离,依次在横轴上标出,可得 $A,1,2,\cdots,10,B$ 点。

3)过各点作横轴的垂线,再从地形图上求出各点高程,绘在相应各点的垂线上。

4)用平滑的曲线连接各断面点,即得路线 AB 的纵断面图。

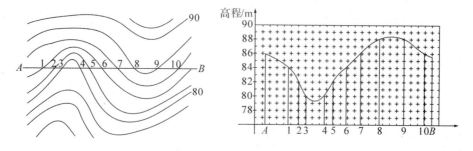

图 5-6　绘制断面图

二、按规定坡度选择最短路线

在进行线路规划设计中,往往要求按某一限定坡度,选择一条最短路线。

如图 5-7 所示,欲从 A 点到 B 点选择一条公路线,限制坡度为 5%,地形图比例尺为 1∶2000,等高距为 1m,要求选择最短路线。具体步骤如下。

1)计算相邻两等高线的最小等高平距 d

$$d = \frac{h}{iM} = \frac{1}{0.05 \times 2000} = 0.01 \, \text{m} \tag{5-7}$$

2)以 A 点为圆心,0.02m 为半径画弧,交 81m 等高线交于 1 点;再以 1 点为圆心,0.02m 为半径画弧,交 82m 等高线于 2 点。依此类推,直至 B 点为止。连接相邻各交点,即得相同坡度的最短路线 $1,2,\cdots,B$。

在选线过程中,如遇到等高线之间的平距大于 d 的情况,即所作圆弧不能与等高线相交,说明此地面坡度小于限制坡度,取两条等高线间最短路线即可。

另外,作图时还可能得到另一方向路线 $1',2',3',\cdots,B$,可作为比较方案。最后在确定路线时,主要考虑少占或不占耕地、拆迁量少、地质条件良好、施工方便、工程费用低等因素,以选定最佳路线。

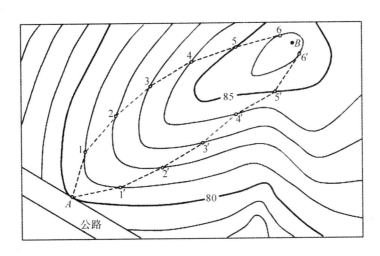

图 5-7 按规定坡度选择最短路线

三、确定汇水面积

在跨越河流、山谷修筑道路时,必须建桥梁、涵洞;兴修水库时必须筑坝拦水。而桥梁涵洞孔径的大小、水坝的设计位置与坝高、水库的蓄水量等都要根据这个地区的降水量和汇水面积来确定。汇水面积是指雨水流向同一山谷地面的受雨面积。

汇水面积的边界线是由一系列的山脊线、道路和堤坝连接而成。如图 5-8 所示,公路 SE 通过山谷,在 M 处要架一座桥梁,为此必须确定该处汇水面积。由图 5-8 可以看出,由山脊线 AB、BC、CD、DN 与公路上的 AN 线段所围成的面积,就是该山谷的汇水面积,其大小可由格网法、平行线法或求积仪测得。

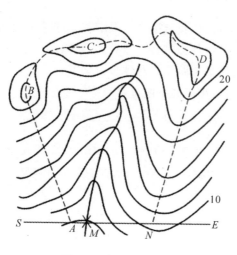

图 5-8 确定汇水面积

第三节 地形图在土地平整中的应用

在各种工程建设中,除对建筑物要作合理的平面布置外,往往还要对原地貌作必要的改造,以便适于布置和修建各类建筑物,排除地面水以及满足交通运输和铺设地下管线等。这种地貌改造称之为平整土地。在场地平整工作中,为使填、挖方量基本平衡,常要利用地形图进行土石方估算。

一、将场地平整为水平地面

图 5-9 所示为一块待平整的场地,其比例尺为 1∶1000,要求在其范围内平整为某一设计高程的水平面,并满足填、挖平衡的要求。步骤如下。

(1)绘方格网并求方格顶点的高程

在拟平整的范围内绘制方格网,方格网边长(实地)可根据地形复杂程度、比例尺的大小和土方概算的精度要求而定,一般为 10m 或 20m。图 5-9 中方格边长(实地)为 10m。然后根据等高线的高程内插出各方格顶点的地面高程,并注记在方格点的右上方,如图 5-9 所示。

(2)计算设计高程

将每一方格 4 个顶点的高程相加后除以 4,即得每一个方格的平均高程;再将所有方格的平均高程加起来除以方格数,即得到设计高程。由图 5-9 可以分析出,角点 A_1、A_5、B_6、D_1、D_6 的高程只用过 1 次,边点 A_2、A_3、A_4、B_1、C_1、D_2、D_3、D_4、D_5、C_6 的高程用过 2 次,拐点 B_5 的高程用过 3 次,中间各方格点 B_2、B_3、B_4、C_2、C_3、C_4、C_5 的高程用过 4 次,因此,设计高程的计算公式可以写成

$$H_{设} = \frac{\sum H_{角} + 2\sum H_{边} + 3\sum H_{拐} + 4\sum H_{中}}{4n} \tag{5-8}$$

式中：n——方格总数。

根据图 5-9 中数据，求得设计高程为 76.97m。

（3）绘制填挖边界线

在地形图上用内插法绘出 76.97m 的等高线（图中虚线），此称为填挖分界线或零线。界线以北称为挖方区，界线以南称为填方区，界线处不填不挖。

（4）计算填、挖高度

用各方格顶点的地面高程减去设计高程，为该点的填、挖高度，即

$$h = H_{地} - H_{设} \tag{5-9}$$

h 为"+"表示挖深，h 为"－"表示填高。并将填、挖高度标记在方格顶点的右下方。

（5）计算填、挖土方量

土方量的计算，一般有两种情况，一种是整个方格全是填方或全是挖方，如图 5-9 中Ⅰ、Ⅲ方格；另一种是一个方格中既有填方又有挖方，如图 5-9 中Ⅱ方格。

现以图 5-9 中的Ⅰ、Ⅱ、Ⅲ方格为例，说明这两种情况的计算方法。

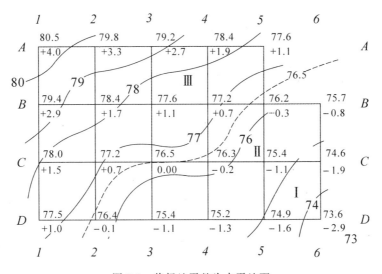

图 5-9　将场地平整为水平地面

Ⅰ方格全为填方

$$V_{Ⅰ填} = \frac{1}{4} \times (-1.1 - 1.9 - 1.6 - 2.9) \times A_{Ⅰ填} = -1.875 A_{Ⅰ填}$$

Ⅱ方格既有填方又有挖方

$$V_{Ⅱ填} = \frac{1}{4} \times (0 - 0.3 - 1.1 - 0.2) \times A_{Ⅱ填} = -0.4 A_{Ⅱ填}$$

$$V_{Ⅱ挖} = \frac{1}{4} \times (0 + 0 + 0 + 0.7) \times A_{Ⅱ挖} = 0.175 A_{Ⅱ挖}$$

Ⅲ方格全为挖方

$$V_{\text{Ⅲ挖}} = \frac{1}{4} \times (2.7 + 1.9 + 0.7 + 1.1) \times A_{\text{Ⅲ挖}} = 1.6 A_{\text{Ⅲ挖}}$$

式中：$A_{\text{Ⅰ填}}$、$A_{\text{Ⅱ填}}$、$A_{\text{Ⅱ挖}}$、$A_{\text{Ⅲ挖}}$表示各方格的填、挖面积。

同法计算其他方格的填、挖方量，然后将填、挖方量分别求和，即得总的填、挖方量。

二、将场地平整成一定坡度的倾斜场地

如图 5-10 所示，地形图比例尺为 1∶1000（图上方格边长为 20mm，相当于实地 20m），要求在其范围内平整为一倾斜场地，满足由北向南的坡度为 -2%，由西向东的坡度为 -1.5%，并使填、挖方量基本平衡，步骤如下：

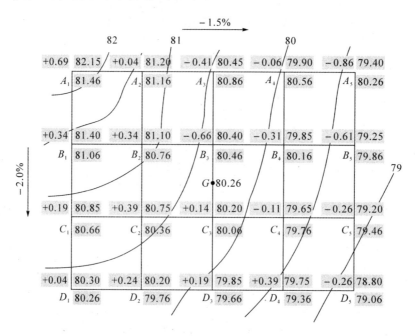

图 5-10　将场地平整为一定坡度的倾斜场地

（1）绘制方格网并求各方格顶点的地面高程

将上述场地绘成 20m×20m 的方格，用内插法算出各方格顶点的地面高程并标记于图上。

（2）计算场地重心的设计高程

根据填、挖平衡的原则，按将场地平整为水平地面计算设计高程的方法，求出该场地的重心设计高程为 80.26m，如图 5-10 中 G 点。

场地重心设计高程确定后，由重心点推算个方格顶点的设计高程。已知由北向南的坡度为 -2%，由西向东的坡度为 -1.5%，方格实地边长 20m，则

南北向相邻方格的设计高差为 20m×2%＝0.4m

东西向相邻方格的设计高差为 20m×1.5%＝0.3m

由 G 点推算 B_3、C_3 点：

B_3 点的设计高程＝80.26＋0.2＝80.48m

C_3 点的设计高程＝80.26－0.2＝80.06m

再由 B_3 点推算其周围点 A_3、B_2、B_4 点：

A_3 点的设计高程＝80.46＋0.4＝80.86m

B_2 点的设计高程＝80.46＋0.3＝80.76m

B_4 点的设计高程＝80.46－0.3＝80.16m

同理可推算出其他各点的设计高程,将其标注于顶点的右下方。

推算高程时应校核以下两点：

1)从任一顶点起沿边界线推算一周,设计高程应闭合；

2)沿同一对角线方向,相邻各点的设计高程差值应相等。

(3)计算填、挖高度

按式(5-9)计算填、挖高度,并标记于顶点的左上角。

(4)计算填、挖土方量

按前述平整为水平地面的方法计算。

第四节　数字地形图的应用

随着计算机技术的发展,数字地形图越来越广泛地运用于国民经济建设中的各个领域。数字地形模型(Digital Terrain Model,DTM)是测绘工作中,用数字表达地面起伏形态的一种方式。它是地形表面形态属性的数字表达,是带有空间位置特征和地形属性特征的数字描述,数字地形模型中地形属性为高程时称为数字高程模型(Digital Elevation Model,DEM)。DEM 和 DTM 可以用于提取各种地形参数,如坡度、坡向、粗糙度等,并进行通视分析、流域结构生成等应用分析。

由于数字高程模型描述的是地面高程信息,它在测绘、水文、气象、地貌、地质、土壤、工程建设、通讯、气象、军事等领域有着广泛的应用。

数字高程模型最早应用于道路工程领域,它可用于各种线路选线(铁路、公路、输电线)的设计以及各种工程的面积、体积、坡度计算,进行任意两点间的通视判断及任意断面图绘制,从而进行道路方案的比选。通过设计表面模型和数字高程模型的叠加,还可实现道路的景观模型及动画演示。

矿山工程中,遥感影像与数字高程模型复合可提供综合、全面、实时、动态的矿山地面变化信息,可用于矿山测绘、地表沉陷监测、矿区土地复垦与生态重建、露天矿边坡监测、矿山三维仿真等方面。同时,在数字图像处理技术、GIS 技术等的支持下可用于矿山勘探。

军事方面,数字高程模型在作战指挥、战场规模、定位、导航、目标采集、瞄准、搜寻、救援等方面发挥了重要作用。具体地说,利用数字高程模型可虚拟战场环境,辅助战术决策；进行飞行计划模拟演习；进行导弹飞行模拟、陆基雷达选址等。

在科学研究中,数字高程模型的主要作用是为各种地学模型提供地形参数并辅助地学模型建立。具体用于地质、水文模型的建立；区域、全球气候变化研究；水资源、野生动植物分布研究；地理信息系统建立；地形地貌分析；土地分类、土地利用、土地覆盖变化检测等。

复习思考题

1. 如何在地形图上确定一条直线的长度和坡度？
2. 简述绘制断面图的步骤。
3. 地形图上面积测算的方法有哪些？
4. 简述将场地平整为水平地面的作业步骤。

第六章 施工测量的基本工作

在各种工程施工中,配合施工所进行的测量工作,称为施工测量,施工测量的任务,是把图纸上设计好的建筑物的平面位置和高程,按设计精度要求标定在地面上,这项工作也称为施工放样。它是根据提供的已知点,按设计的角度、距离和高程,在实地将点的位置标定出来,因此施工测量的基本工作主要包括:测设已知水平距离、测设已知水平角、测设已知高程的点。

第一节 施工测量的基本工作

一、测设已知水平距离

测设已知水平距离,是根据已知直线起点和直线方向,已知水平距离,标定出线段的另一端点。根据精度要求不同,测设方法有一般方法和精密方法。

（1）一般方法

当精度要求不高时,可用普通钢卷尺测设。如图 6-1 所示,已知地面上 A 点及 AC 方向线,沿 AC 方向测设已知水平距离为 D 。

测设方法:由 A 沿 AC 方向测设距离 D ,第一次测设得 B_1 ,第二次测设校核第一次丈量结果得 B_2 ,两次标定位置之差与测设距离之比的相对误差在允许范围内时,取 B_1 、B_2 的平均位置得 B 点,即测设长度 D 的终点。

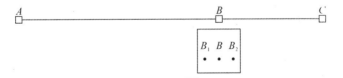

图 6-1 钢尺测设距离一般方法

（2）精密方法

当测设长度的精度要求较高时,应使用鉴定过的钢尺,考虑尺长、温度、倾斜三项改正。在精密测距时,是先用钢尺量取被测距离长度,再加以三项改正,以求得正确的水平距离值。

而测设已知水平距离的长度,是根据设计水平距离,结合钢尺的实际长度,丈量时的温度,以及地面起伏情况,计算出实际测设数值。因此,计算尺长改正、温度改正、倾斜改正的改正数符号与测距时相反。

尺长改正 $$\Delta d_l = \frac{\Delta l}{l}d \qquad (6-1)$$

温度改正 $$\Delta d_t = \alpha(t-20℃) \times d \qquad (6-2)$$

地面倾斜改正 $$\Delta d_h = -\frac{h^2}{2d} \qquad (6-3)$$

$$s = d - \Delta d_l - \Delta d_t - \Delta d_h \qquad (6-4)$$

式中:s——实地测设长度;

d——欲测设水平距离;

l——钢尺的名义长度;

Δl——尺长改正数;

h——两端点的高差。

【例 6-1】 测设方法:设计图上测设水平距离为 48.954m。使用钢尺的尺长方程为 $l_t = 50m - 5.48mm + \alpha(t-20℃) \times 50m$,概量后测得两点间高差为 +0.434m,丈量时的温度为 +24℃,α 为 1.23×10^{-5},求在地面上量出多少长度时,才能使 AB 的水平距离为测设长度 48.954m?

三项改正计算:

尺长改正 $\Delta d_l = -5.4mm$

温度改正 $\Delta d_t = +2.4mm$

倾斜改正 $\Delta d_h = -1.9mm$

实地要测设的长度为 $S = d - \Delta d_l - \Delta d_t - \Delta d_h$

$$S = 48.954 + 0.0054 - 0.0024 + 0.0019 = 48.959(m)$$

在线段终点移动 5mm 即可。

测设距离超过一整尺时,进行概量后,可按精密量距方法丈量计算各尺段水平距离(不含最后一尺段),用设计值与实际丈量水平距离的差值为最后一尺段应测设水平距离,再按上述方法标定终点。全站仪测设已知距离时,将功能设置在放样模式下,按照仪器提示,前后移动棱镜即可。

二、测设已知水平角

测设已知水平角,是在给定水平角的顶点和一个方向的条件下,要求标定出水平角的另一个方向。

(1)一般方法(正倒镜分中法)

如图 6-2 所示,设地面上已有方向线 OA,以 O 为角的顶点,顺时针测设角值为 β,其测设步骤如下:

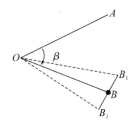

图 6-2 测设已知水平角一般方法

1)将经纬仪安置在角顶点 O 上,以盘左位置瞄准 A 点,读取度盘始读数 M(此时亦可使度盘读数为 $0°00'00''$);

2)松开水平制动螺旋,旋转照准部,使度盘读数为 $M+\beta$,在视线方向上打桩定出 B_1 点;

3)倒镜成盘右位置,以同样方法测设 β 角,定出 B_2 点。取 B_1、B_2 的中点 B,$\angle AOB$ 即为所要测设角 β。

(2)精密方法

当测设精度要求较高时,可采用垂距改正法,以提高测设精度,如图 6-3 所示。

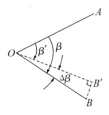

图 6-3 垂线改正法

先按一般方法测设出 B' 点,称为初设角(实际工作中测设角度和距离是同时进行的,因此根据测设距离确定 B' 点)。

用测回法对 $\angle AOB'$ 观测若干个测回(应测测回数由测设精度要求和仪器的精度等级而定)求出 $\angle AOB'$ 的平均角值,设为 β'。计算平均角值 β' 与需要测设的角值 β 之差 $\Delta\beta$,即:

$$\Delta\beta = \beta - \beta' \tag{6-5}$$

由于 $\Delta\beta$ 一般很小,同时考虑到仪器精度的限制,所以将角度的差值 $\Delta\beta$ 转化为 B' 点垂距改正,垂距改正值按下式计算:

$$BB' = OB' \times \tan\Delta\beta \approx OB' \frac{\Delta\beta}{\rho} \quad \left(\rho = \frac{180°}{\pi}\right) \tag{6-6}$$

过 B' 点作 OB' 垂线,再从 B' 点沿垂线方量 BB' 距离定出 B 点,$\angle AOB$ 就是测设角 β。当 $\Delta\beta$ 为正时,说明实测水平角小于测设水平角,应向外移动;若 $\Delta\beta$ 为负,说明实测水平角大于测设水平角,应向内侧移动。

【例 6-2】 已知地面上 O、A 两点,要在 OA 方向右侧,用精确方法测设 $45°$ 的水平角,测

设距离 OB' 为 100m，精测获得初设角平均值为 $\beta'=44°59'30''$，求算改正数是多少？

$$\Delta\beta = \beta - \beta' = 45°00'00'' - 44°59'30'' = +30''$$

$$BB' = OB'\frac{\Delta\beta}{\rho} = 100 \times \frac{30''}{206265''} = 0.014(\text{m})$$

过 B' 点作 OB' 垂线，再从 B' 点沿垂线方向向外量 0.014m 距离，定出 B 点，则 $\angle AOB$ 就是 45°00′00″。

三、测设已知高程点

（1）一般方法

测设已知高程点，是根据施工现场已有水准点，将设计高程标定在某一位置，作为施工的依据。如平整场地、桥涵基底、房屋基础开挖、路面标高、管道坡度等的测设，常要将点的高程测设到实地上，在地面上打下木桩，使桩的侧面某一位置的高程等于点的设计高程。如图 6-4 所示。

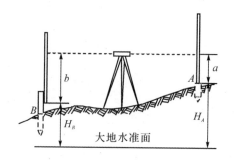

图 6-4　测设已知高程

【例 6-3】 水准点 A 的高程 H_A 为 115.247m，需在 B 点测设指定高程 $H_B=114.136$m 的桩点，预先在 B 点打一木桩。

1）在 A 点和 B 点之间安置水准仪，整平后，先后视 A 点水准尺得后视读数 $a=0.785$ m，计算水准仪视线高程；

$$H_i = H_A + a \qquad\qquad (6-7)$$
$$H_i = 115.247 + 0.785 = 116.032(\text{m})$$

2）计算前视水准尺尺底为指定高程时的水准尺读数；

$$b = H_i - H_B \qquad\qquad (6-8)$$
$$b = H_i - H_B = 116.032 - 114.136 = 1.896(\text{m})$$

3）前视尺紧贴木桩，上下慢慢移动，当前视读数为 1.896m 时，则尺底位置，即为要测设的高程。在尺底用红笔画一水平线，表示测设高程的位置。

（2）高程传递放样

在某些工程施工中，需要向较深的基坑或较高的建筑物上测设已知高程，常用方法是悬吊钢尺配合水准仪引测。如图 6-5 所示，已知水准点 A 的高程为 H_A，基坑内，点 B 的设计高程为 H_B。

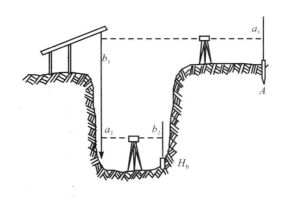

图 6-5　高程传递方法

　　测设方法:在坑边悬吊钢尺,钢尺零点在下方,并挂一重锤,以保证钢尺稳定,安置水准仪在坑外,读取后视水准尺读数 a_1,前视钢尺读数 b_1;再把水准仪安置在坑底,后视钢尺读数 a_2,若要测设高程 H_B,则要计算前视水准尺读数 b_2。

$$H_B = H_A + a_1 - (b_1 - a_2) - b_2$$

则　　　　　　　　　$b_2 = H_A + a_1 - (b_1 - a_2) - H_B$　　　　　　　　(6-9)

　　【例 6-4】　设水准点 A 的高程 $H_A = 82.996\text{m}$,B 点的设计高程 $H_B = 75.000\text{m}$,基坑口的水准仪读取水准点 A 的后视读数为 $a_1 = 1.623\text{m}$,读取钢尺上的前视读数 $b_1 = 10.368\text{m}$,坑底水准仪在钢尺读取后视读数 $a_2 = 1.526\text{m}$,B 点的前视读数应为:

$$b_2 = H_A + a_1 - (b_1 - a_2) - H_B$$
$$= 82.996 + 1.623 - (10.368 - 1.526) - 75 = 0.777(\text{m})$$

　　当水准尺读数为 b_2 时,将木桩打入基坑即可,此时桩的顶面高程为测设高程。若向上传递高程,其方法与上述方法基本相同。

第二节　点的平面位置测设方法

　　工程建筑物平面位置的测设,其实质是测设建筑物的轴线,轮廓线转折点的平面位置。测设点位的方法有直角坐标法、极坐标法、角度交会法、距离交会法等。实际中应用哪一种方法,可根据施工现场的仪器类型、精度、控制网的形式及点位分布、地形条件、测设精度要求选择合适的测设方法。

一、直角坐标法

　　直角坐标法是按直角坐标的原理,确定某一点的平面位置的一种方法。如施工场地有彼此垂直的建筑基线或建筑方格网,则可算出设计图上的待测设点相对于场地上控制点的坐标增量,用直角坐标法测设点的平面位置。

　　如图 6-6 所示,Ⅰ、Ⅱ、Ⅲ是建筑基线端点(或是建筑方格网点),其坐标为已知,A、B、C、D 为拟测设建筑物的 4 个角点,其轴线均平行于建筑基线,这些点的坐标值均可由设计

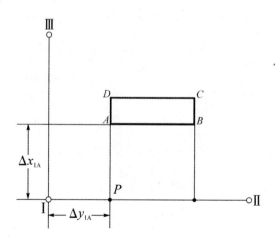

图 6-6　直角坐标法

图给定,算得它们的坐标增量,Δx、Δy 作为测设数据。现以测设 A 点为例,设 Ⅰ 点的坐标为 x_{I}、y_{I} ,点 A 的坐标为 x_A、y_A ,则点的测设数据(坐标增量)为:

$$\Delta x_{\text{I}A} = x_A - x_{\text{I}}$$
$$\Delta y_{\text{I}A} = y_A - y_{\text{I}}$$
$$(6\text{-}10)$$

测设方法:在控制点 Ⅰ 安置经纬仪,瞄准 Ⅱ 点,沿视线方向用钢尺丈量 $\Delta y_{\text{I}A}$ 值,定出 P 点。将经纬仪安置到 P 点,用盘左、盘右分别瞄准 Ⅱ 点,测设 90°取平均位置得 PD 方向线,沿此方向丈量 $\Delta x_{\text{I}A}$,定出点 A 。同法可测设 B、C、D 点,最后用钢尺检查 AB、BC、CD、DA 的长度,其值应等于设计长度,允许相对误差为 1/2000。这种方法简单,施测方便,精度高,在施工测量中多采用此法来测定点位。

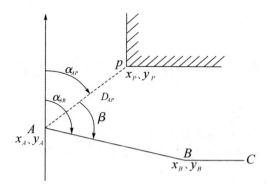

图 6-7　极坐标法

二、极坐标法

极坐标法是根据一个角度和一段距离测设点的平面位置。当建筑场地开阔,量距方便,且无方格控制网时,可根据导线控制点,应用极坐标法测设点的平面位置。如图 6-7 所示,A、B、C 为地面已有控制点(导线点),其坐标(x_A、y_A)、(x_B、y_B)、(x_C、y_C)均为已知。P 为某建筑物欲测设点,其坐标(x_P、y_P)值可从设计图上获得或为设计值。根据 A、B、P 三点的坐标,用坐标反算方法求出夹角 β 和距离 D_{AP} ,计算公式如下:

坐标方位角

$$\alpha_{AB} = \tan \alpha_{AB}^{-1} \frac{y_B - y_A}{x_B - x_A} \tag{6-11}$$

$$\alpha_{AP} = \tan \alpha_{AP}^{-1} \frac{y_P - y_A}{x_P - x_A} \tag{6-12}$$

两方位角之差即为夹角 β :

$$\beta = \alpha_{AB} - \alpha_{AP} \tag{6-13}$$

两点间的距离 D_{AP} 为:

$$D_{AP} = \sqrt{(x_P - x_A)^2 + (y_P - y_A)^2} \tag{6-14}$$

【例 6-5】 已知 A、B 为控制点,其坐标值为 $x_A = 858.750\text{m}$、$y_A = 613.140\text{m}$;$x_B = 825.432\text{m}$、$y_B = 667.381\text{m}$;P 点为放样点,其设计坐标为 $x_P = 430.300\text{m}$、$y_P = 425.000\text{m}$。计算在 A 点设站,放样 P 点的数据。

$$\alpha_{AB} = \tan \alpha_{AB}^{-1} \frac{y_B - y_A}{x_B - x_A} = \tan \alpha_{AB}^{-1} \frac{667.381 - 613.140}{825.432 - 858.750} = 121°33'38''$$

$$\alpha_{AP} = \tan \alpha_{AP}^{-1} \frac{y_P - y_A}{x_P - x_A} = \tan \alpha_{AP}^{-1} \frac{425.000 - 613.140}{430.300 - 858.750} = 203°42'26''$$

$$\beta = \alpha_{AB} - \alpha_{AP} = 121°33'38'' + 360° - 203°42'26'' = 277°51'12''$$

$$D_{AP} = \sqrt{(x_P - x_A)^2 + (y_P - y_A)^2}$$

$$= \sqrt{(430.300 - 858.750)^2 + (425.000 - 613.140)^2}$$

$$= 467.938(\text{m})$$

测设方法:将经纬仪安置于控制点 A ,照准 B 点定向,采用正倒镜分中法测设 β 角值,沿分中方向用钢尺测设距离 D_{AP} ,定出 P 点在地面上的位置。此方法适用于量距方便、距离较短的情况,是一种常用的方法。使用全站仪极坐标法测设点的位置在工程施工中已是主要方法。

三、角度交会法

角度交会法是根据测设角度所定的方向,交会出点的平面位置的一种方法。适用于测设的点位离控制点较远或由于地形复杂不便量距时点位的测设。因此,在水坝、水中桥墩等工程中,广泛采用此方法测设点位。

如图 6-8 所示,A、B 位于桥轴线上,以桥轴线为坐标纵轴,A、B、C、D 为所布设的控制点,经控制测量后,它们的坐标值均为已知。P 为河中桥墩的中心点,P 点坐标为:

$$x_P = x_A + L_P$$
$$y_P = y_A \tag{6-15}$$

式中:L_P 为墩台中心里程与 A 点里程之差。

$$\alpha_{DC} = \tan^{-1} \frac{y_C - y_D}{x_C - x_D} \tag{6-16}$$

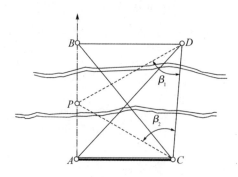

图 6-8　角度交会法

$$\alpha_{DP} = \tan^{-1} \frac{y_P - y_D}{x_P - x_D} \tag{6-17}$$

同理求得：α_{CP}、α_{CD}。

由两个方位角之差求得测设 P 点的交会角 β_1、β_2 为：

$$\beta_1 = \alpha_{DP} - \alpha_{DC} \tag{6-18}$$

$$\beta_2 = \alpha_{CD} - \alpha_{CP} \tag{6-19}$$

　　测设方法：如图 6-8 所示，用 3 台经纬仪分别安置在 A、C、D 三个控制点上，A 点的经纬仪后视 B 点。C、D 点仪器分别后视 A、B 点，使水平度盘的读数均为 $0°00'00''$，测设相应的交会角值，理论上三方向交会于一点，由于测量误差的存在，如果不交于一点，则产生示误三角形，如图 6-9 所示。若示误三角形的最大边长在限差以内，则以交会投影至桥轴线上的点作为交会的桥墩中心。若交会方向不包括桥中线方向时，应以交会得到的示误三角形重心作为交会的桥墩中心，在交会定点后，应立即将交会方向延伸到河流对岸上，根据视线方向钉设木桩或用觇牌固定作为标志，以便随时恢复交会方向，检查施工中的桥墩中心位置。

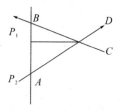

图 6-9　示误三角形

四、距离交会法

　　距离交会法是根据测设的距离交会定出点的平面位置的一种方法。若施工场地平坦，且控制点到待测点的距离不超过一整尺长的情况下，根据控制点与待测点的坐标，计算出测设距离，如图 6-10 所示。测设时，可同时用两把钢尺，分别将尺子零点对准控制点 A、B，然后将尺拉平、拉紧，并使两尺上读数分别为 D_{AP}、D_{BP} 时交会在一点，则该点即为要测设的 P 点。此法使用的工具和测量方法都较简单，容易掌握。但注意两段距离相交时，角度不能太小,否则容易产生较大的交会误差,降低测设的精度。

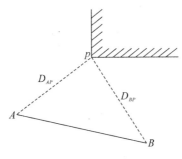

图 6-10　距离交会法

第三节　已知坡度直线的测设

在工程设计中,如道路、管线、场地平整的纵向、横向坡度施工时,要按给定的坡度施工,因此要在地面用木桩标定出已知坡度线,作为施工的依据。坡度线的测设根据坡度大小,可选用下列两种方法。

一、水平视线法

水平视线法的基本原理是根据坡度起点、方向、坡度率计算测设点高程,利用测设已知高程点的方法,确定设计坡度线。如图 6-11 所示,A、B 为设计坡度的两端点,起点设计高程为 H_A,要求在 A、B 之间测设出坡度为 i_{AB} 的坡度线。为施工方便,每隔距离 d 打一木桩,并标出坡度线的位置。

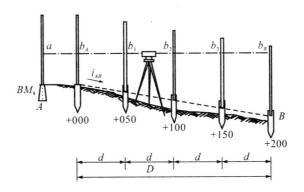

图 6-11　水平视线法测设已知坡度的直线

【例 6-6】　已知水准点 BM_8 的高程为 240.650m,设计坡长 200m,设计坡度 $i=-2‰$,起点里程为 K_0+000,其高程为 240.000m,终点 B 为已知,试测设每 50m 一点的坡度线位置。测设方法如下:

1)计算各点设计高程;

$$H_设 = H_已 + i_{AB} \times d \qquad\qquad (6\text{-}20)$$

$$H_{+50} = 240.000 - \frac{2}{1000} \times 50 = 239.900(\text{m})$$

$$H_{+100} = 240.000 - \frac{2}{1000} \times 100 = 239.800(\text{m})$$

$$H_{+150} = 240.000 - \frac{2}{1000} \times 150 = 239.700(\text{m})$$

$$H_{+200} = 240.000 - \frac{2}{1000} \times 200 = 239.600(\text{m})$$

2)置经纬仪于起点 A，后视终点 B 定向，每 50m 打一木桩；

3)安置水准仪读取 BM_8 点上后视读数 $a = 1.065\text{m}$；

4)计算视线高程：

$$H_{视} = H_A + a \tag{6-21}$$
$$H_{视} = 240.650 + 1.065 = 241.715(\text{m})$$

5)计算出各桩点坡度线位置的前视读数：

$$b_i = H_{视} - H_{设} \tag{6-22}$$
$$b_{+50} = 241.715 - 239.900 = 1.815(\text{m})$$
$$b_{+100} = 241.715 - 239.800 = 1.915(\text{m})$$
$$b_{+150} = 241.715 - 239.700 = 2.015(\text{m})$$
$$b_{+200} = 241.715 - 239.600 = 2.115(\text{m})$$

6)按测设已知高程点的方法在桩的侧面标出坡度线位置。

测设时，设计标高低于地面以下，则应使设计标高增加一整数，能使坡度线位置标注在桩上，并在桩上用符号注明下挖数。此方法适用于坡度较小的地段。

二、倾斜视线法

如图 6-12 所示，此法是根据视线与设计坡度线平行时，其竖直距离处处相等的原理，以确定设计坡度线上各点高程位置的一种方法。它适用于坡度较大，且设计坡度与地面自然坡度较一致的地段。

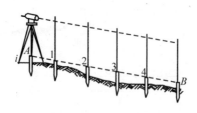

图 6-12　倾斜视线测设坡度线

测设方法：

1)已知 A 点的设计高程，按照 i_{AB} 和两端点的距离，计算出 B 点的高程；

2)用高程测设的方法，将 A、B 两点的设计高程标定在地面的木桩上；

3)在 A 点安置水准仪，量取仪器高，使一个脚螺旋在 AB 方向上，另两个脚螺旋的连线

大致与 AB 方向线垂直。转动 AB 方向的脚螺旋和微倾螺旋,使十字丝的横丝对准 B 尺上的读数为仪器高,此时仪器视线与设计坡度线平行,当各桩号上立尺上下移动水准尺使读数为 i,紧贴尺底的画一道红线,就是设计坡度线。

复习思考题

1.施工测量的基本方法有哪几种?

2.测设点的平面位置有哪几种方法? 各在什么条件下采用?

3.详述测设已知水平角的一般方法。

4.绘图说明测设已知高程点的方法。

5.用正倒镜测设出直角 $\angle AOB'$ 后,再精确测量 $\angle AOB' = 89°59'42''$,已知 OB' 的距离 $D = 96m$,问如何移动 B' 点才能使角值为 $90°$,应移动的距离是多少?

6.已知水准点 A 的高程为 $H_A = 69.214m$,要测设设计高程为 $70.00m$,若水准仪安置在 A、B 两点之间,在 A 点水准尺读数为 $1.873m$,问 B 点水准尺读数为多少?

7.已知 A、B 为控制点,$x_A = 530.00m$,$y_A = 520.00m$,$x_B = 469.63m$,$y_B = 606.22m$ 又知 P 点的设计坐标 $x_P = 522.000m$,$y_P = 586.00m$,试分别计算出用极坐标法、角度交会法和距离交会法测设 P 点的放样数据。

第七章　建筑工程施工测量

建筑工程施工测量是指在建筑物、构筑物施工阶段进行的测量,包括施工控制测量、场地平整测量、民用建筑施工测量、工业建筑施工测量等。本章重点为施工控制测量和场地平整测量。

第一节　概　　述

建筑工程施工测量的基本任务,是根据施工的需要把设计图纸上的建筑物、构筑物,按照设计要求测设到地面上,为施工提供各种标志,作为按图施工的依据,使设计通过施工付诸实践。

建筑工程施工测量的主要工作包括:建立施工控制网;根据设计图纸进行建筑物或构筑物的放样;施工过程中为确定和恢复建筑物或构筑物的位置而随时进行测量;为日后的使用、维修和扩建提供技术资料;工程完工后还要进行竣工测量;对一些高大或特殊建筑、构筑物在施工阶段和建成后,还要定期进行变形观测,以便监视其安全和稳定情况。同时,掌握变形规律,为今后建筑、构筑物的设计、维护和使用提供资料。

建筑工程施工测量的主要特点及要求。

1)测量的精度要求取决于建筑、构筑物的类型、材料、用途和施工方法等因素。

一般来说,高层建筑的测量精度高于普通低层建筑的精度,钢结构厂房的测量精度高于钢筋混凝土结构厂房的精度,装配式建筑的测量精度高于非装配式建筑的精度。

2)施工的全过程都离不开测量工作,且与工程的质量及施工进度密切相关。测量人员必须了解设计内容,熟悉图纸上的几何尺寸和高程数据,掌握施工进度和施工现场的变动情况,使测量工作与施工紧密配合。

3)施工现场各工种交叉作业,人员车辆来往频繁,加之机械设备的停放、材料的堆积,使得观测条件较差,测量工作受到一些干扰。这就要求测量人员提高观测水平,并选择合适的时间进行观测。

4)要注意保护施工测量的标志。因为施工现场常有大量土石方填挖,地面变动较大,各种施工机械的震动容易使测量标志遭到破坏或产生位移。这就要求各种测量标志应埋设在稳固坚实,不易被破坏的地方。同时,要经常检查核对其位置,若有破坏,应及时恢复。

5)要保证测量仪器、工具的完好,施工测量所用的仪器必须进行检验、校正后方能使用,以保证施工测量的质量。

另外,施工现场各种工程之间干扰较大,要采取必要的防护措施,确保人身和仪器的安全。

第二节　建筑施工控制测量

在城乡和大中型工矿企业施工现场,有各种建筑物、构筑物,其占地面积较大,往往分批分期开工兴建,因此测设各个建筑物、构筑物位置的工作一般都按施工顺序分批进行。为保证施工测量的精度和速度,使各个建筑物、构筑物的平面位置和高程都符合设计要求,互相连成统一的整体,施工测量也必须遵循"从整体到局部,先控制后碎部"的原则。即先在施工现场建立统一的平面控制网和高程控制网,然后根据控制网测设建筑物和构筑物的位置。

一般测图控制网在位置、密度、精度上难以满足施工测量放线的要求,因此,在施工测量场地,应重新建立施工控制网。施工控制网分为平面控制网和高程控制网。平面控制网可根据地形条件布设建筑基线和建筑方格网。高程控制网根据施工精度要求可采用四等水准或三等水准测量。

一、平面控制网

1.建筑基线

(1)建筑基线的布设形式

当施工场地面积不大,且地势较平坦时,可布设成一条或几条基线作为平面测量的控制,称为"建筑基线"。建筑基线是根据建筑物的分布,施工现场的地形和原有控制点的情况,布设成2点"一"字形,3点"L"形,4点"T"形,5点"十"字形等形式,如图7-1所示。

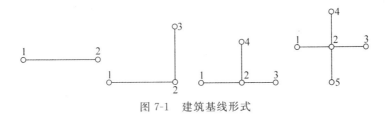

图 7-1　建筑基线形式

为便于放线,建筑基线应平行或垂直于主要建筑物的轴线,且靠近主要的建筑物。建筑基线的相邻点应能互相通视,点位不受施工影响,其个数不少于3个,以便检测建筑基线点有无变动。

(2)建筑基线的测定

1)根据已有控制点测定建筑基线

布设基线时,应先在图上选定基线点的位置,并确定各点的坐标,然后根据已有控制点的坐标,计算出放样数据。由控制点利用极坐标法或角度交会法将基线点在地面上标定出来(用全站仪可直接应用坐标测定基线点)。

基线点测设出来后,应检测其精度,按要求,角度误差不大于 $10''$,距离误差不超过 $1/2000$。否则应进行必要的调整。

2)根据建筑红线测定建筑基线

在城镇,各项建设要按统一的规划要求进行,由规划部门在现场直接测定的建筑用地的边界线,称"建筑红线"。如图 7-2 中的 Ⅰ-Ⅱ、Ⅱ-Ⅲ 的连线,它们互相垂直,一般与街道中心线平行。置镜于红线 Ⅱ 点沿 Ⅱ-Ⅲ 方向测设 d 距离,定出 C 点。沿 Ⅱ-Ⅰ 方向测设 d 距离,定出 E 点。

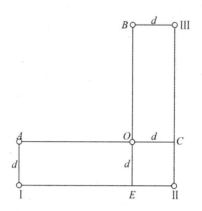

图 7-2　用建筑红线放样建筑基线

分别置镜于 Ⅰ、Ⅲ 点测设 $90°$ 及距离 d 定出 A、B 点。利用拉弦线的方法定出 O 点。将基线点在地面上标定后,在 O 点安置经纬仪,检查 $\angle AOB$ 是否等于 $90°$,其差值一般不超过 $\pm 10''$,否则应进行必要的调整。

2.建筑方格网

对于地形较平坦的大、中型建筑施工场区,施工平面控制网多由正方形或矩形格网组成,称为建筑方格网。利用建筑方格网进行建筑物定位放线,具有计算测设数据简单,测设精度较高的特点。

(1)建筑方格网的布设

建筑方格网是在施工总平面中,根据各建筑物、道路及各种管线的分布情况,施工组织设计并结合场地的地形,由施工测量人员布置。布置时,首先选定方格网的主轴线,因为建筑方格网的主轴线是扩展方格网的基础,选定是否合理将影响方格网的精度和使用。因此,主轴线应尽量选在建筑场地的中央,并与主要建筑物的基本轴线平行,其长度能控制整个建筑场地。如图 7-3 中 AOB 和 COD 即为建筑方格网的主轴线,其定位点称为主点。为保证主轴线的定向精度,主点间距离最好不小于 $300\sim400m$,主点应选在通视好,便于测角量距,能够长期保存的地方。主轴线直线度的限差,应在 $180°\pm5''$,轴线交角的限差应在 $90°\pm5''$ 以内,主轴线确定以后,可进行方格网的布置,方格网的形式可布设成正方形或矩形。当建筑场地较大时,建筑方格网应分两级布设,首级可布设成"十"字形、"口"字形,或"田"字形。在首级方格网的基础上,加密次级方格网。方格网的折角应严格成 $90°$,正方形格网边长多取 $100\sim200m$。矩形格网边长为 $100\sim300m$,尽可能为 $50m$ 或 $50m$ 的整倍数。若建筑场地不大,可布设成边长为 50m 的正方形格网。

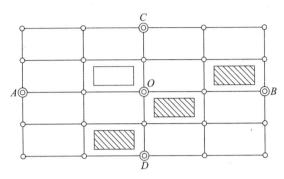

图 7-3 建筑方格网

◎—主轴线点　▨▨▨—拟建房屋　○—方格网点

(2)施工坐标系与测量坐标系的坐标换算

在建筑施工现场,为便于设计常采用一种独立坐标系统,称施工坐标系。因而建筑方格网的施工坐标系与原测量坐标系不一致,建筑场地需要利用原测量控制点进行测设,在测设之前,应将建筑方格网主点的施工坐标换成测量坐标。坐标换算的相关数据一般由设计单位给出,也可在设计总平面图上用图解法量取施工坐标系坐标原点在测量坐标系的坐标 x_0、y_0,及施工坐标系纵坐标轴与测量坐标系纵坐标轴的夹角 α,然后进行坐标换算。

如图 7-4,施工坐标系的纵轴通常用 A 表示,横轴用 B 表示。设 P 点的施工坐标为 A_P、B_P。施工坐标系的坐标原点在测量坐标系的坐为(x_0、y_0),则 P 点的测量坐标 x_P、y_P 按下式计算:

$$x_P = x_0 + A_P \cos \alpha - B_P \sin \alpha$$
$$y_P = y_0 + A_P \sin \alpha + B_P \cos \alpha$$

(7-1)

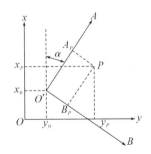

图 7-4 施工坐标系与测图坐标系的关系

(3)建筑方格网的测设

1)建筑方格网主轴线的测设,主轴线主点是通过已有控制点测设的。

如图 7-5 中 1、2、3 是测量控制点,已知其坐标。A、O、B 为主轴线的主点,先把其施工坐标换算成测量坐标,再根据控制点和主点的坐标反算出放样数据 β_1、β_2、β_3、D_1、D_2、D_3,然后分别在控制点上安置经纬仪,用极坐标法将 A、O、B 三个主点测设到地面上,定出 A'、O'、

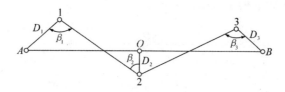

图 7-5 用控制点测设方格网主轴线

B'，如图 7-6 所示，用经纬仪精确测定 $\angle A'O'B'$ 的角值 β，若 β 与 $180°$ 之差超过限差时，则对 A'、O'、B' 的点进行调整。设调整量为 δ，则有：

$$\delta = \frac{c}{2} \times \frac{\varepsilon_1}{\rho''} \qquad \text{和} \qquad \delta = \frac{d}{2} \times \frac{\varepsilon_2}{\rho''}$$

而

$$\varepsilon_1 + \varepsilon_2 = 180° - \beta$$

故

$$\varepsilon_1 = \frac{2\delta}{c}\rho'' , \varepsilon_2 = \frac{2\delta}{d}\rho''$$

$$\delta = \frac{cd}{c+d}(90° - \frac{\beta}{2})\frac{1}{\rho''} \tag{7-2}$$

式中：c——O 点到 A 点的距离；

d——O 点到 B 点的距离；

ρ''——$206265''$。

然后将 A'、O'、B' 点沿垂直主轴线方向各移动 δ 值至 A、O、B 点，O' 点移动方向与 A'、B' 两点的移动方向相反，当 $\beta < 180°$ 时，O' 点向 β 角方向移，当 $\beta > 180°$ 时，O' 点向反方向移。再重复测量 $\angle AOB$，如果测得结果与 $180°$ 之差仍超限，则再调整。

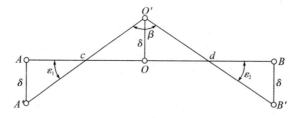

图 7-6 基线点调整

A、O、B 三点调整好后，将经纬仪置于 O 点，瞄准 A 点，分别向左、右侧各测设 $90°$，并根据主点间的距离测设出另一条主轴线 COD，同样在实地标定出 C' 和 D' 点，如图 7-7 所示。再精确测出 $\angle AOC'$ 和 $\angle AOD'$，计算出它们与 $90°$ 的差值 ε_1、ε_2，然后按下列公式计算出改正数 l_1、l_2。

$$l_1 = d \times \frac{\varepsilon_1}{\rho''}$$

$$l_2 = d \times \frac{\varepsilon_2}{\rho''} \tag{7-3}$$

式中：d 为 OC 或 OD 的距离。

　　分别从 C' 点和 D' 点沿 OC 和 OD 垂直方向移动改正数 l_1、l_2 定出 C、D。再检测 $\angle COD$，是否等于 $180°$，其误差应在允许范围之内。最后自 O 点起，沿直线 OA、OB、OC 和 OD 精确量取主轴线的距离，看其是否与设计长度相等，误差应在允许范围之内。否则，应调整 A、B、C、D 点的位置。

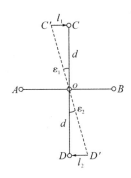

图 7-7　测设主轴线 COD

　　2）建筑方格网点的测设

　　主轴线测好后，进行方格网的测设，如图 7-8 所示，用两台经纬仪分别置于主轴线端点 A、C 点上，均以 O 点为零方向，分别向左向右测设出 $90°$ 角，按测设的方向交会出 1 点位置，同法测出方格网点 2、3、4 点，这样就交会出"田"字形方格网点。再以"田"字形方格网点为基础，加密方格网中其余各点。最后进行检核，置经纬仪于方格网点上，测量其角值是否为 $90°$，测量格网间的距离与设计边长是否相等，其误差均应在允许范围之内。

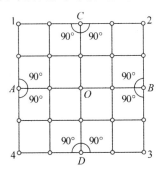

图 7-8　建筑方格网

二、高程控制网

　　建筑场地的高程控制网就是在场区内建立可靠的水准点，形成与国家高程控制系统相联系的水准网。水准点的密度应尽可能满足安置一次仪器即可测出所需的高程点，为此，还需增设水准点。一般在土质坚实，不受震动，便于长期使用的地方，埋设永久性标志。通常，建筑方格网点也可兼作水准点，只要在其桩面上中心点旁边设置一个半球状标志即可。

　　一般情况下，水准点高程用四等水准测量的方法测定，对连续性生产的车间或下水管道等用三等水准测量的方法测定各水准点高程。

此外,在每幢建筑物内部或附近应专门设置±0水准点,其目的是为了方便测设和减少误差。

第三节 民用建筑施工测量

民用建筑是指住宅、医院、办公楼、学校、商店等建筑物。施工测量的任务是按设计要求,根据施工的进度,测设建筑物的平面位置和高程,以保证工程各部位按图施工。施工测量的主要工作有:测设前的准备工作、建筑物定位、建筑物的放线、施工过程中的测量工作。

一、测设前的准备工作

1.熟悉图纸

设计图纸是施工测量的主要依据,在测设工作之前,应熟悉设计图纸,了解施工建筑物与原有的相邻建筑物的相互关系,以及建筑物的尺寸和施工要求等。熟悉与测量有关的图纸,包括:建筑总平面图、建筑平面图、基础平面图、剖面图、立面图和基础详图。

建筑总平面图是施工放样的总体依据,建筑物都是根据总平面图上给出的位置和尺寸关系进行定位,如图7-9所示。

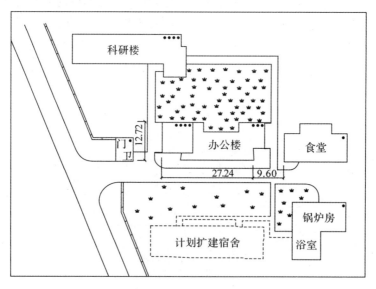

图7-9 总平面图

建筑平面图给出了建筑物各轴线间的尺寸关系及室内标高等,如图7-10所示。

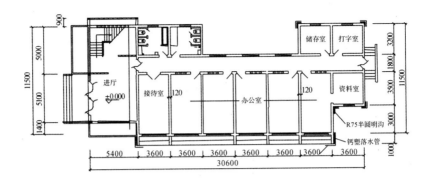

图 7-10　建筑平面图

基础平面图给出基础轴线间的尺寸关系和编号,如图 7-11 所示。

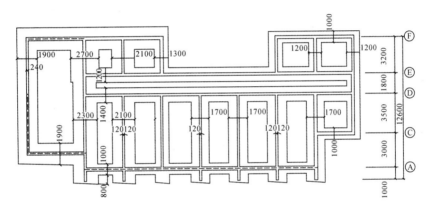

图 7-11　基础平面图

基础详图(基础大样图)给出基础的尺寸、形式以及边线与轴线间的尺寸关系,如图7-12所示。

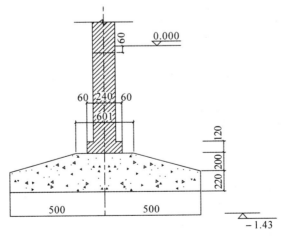

图 7-12　基础详图

立面图和剖面图给出基础、室内外地坪、门窗、楼板、屋面等的设计标高,是高程测设的主要依据,如图 7-13 所示。

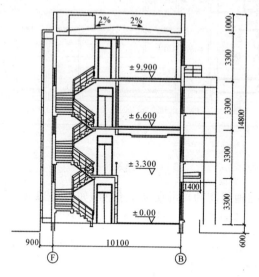

图 7-13　立面图和剖面图

2. 现场踏勘

通过现场勘查,全面了解现场地貌、地物以及与施工放样有关的情况,检测所给测量控制点。

3. 平整场地

为了便于测设,需将施工场地进行清理和平整。

4. 拟定测设计划

按照施工进度计划要求,制定测设计划,确定测设方法,进行数据计算并绘制测设草图。

二、建筑物定位

建筑物外廓轴线的交点(简称角点)控制着建筑物的位置,地面上表示这些点的桩位称为角桩。建筑物定位就是把角桩测设到地面上,然后根据角桩进行基础放线和细部放线。根据施工现场情况及设计条件不同,建筑物的定位方法主要有以下几种。

1. 根据与原有建筑物的关系定位

在建筑区内新建或扩建建筑物时,设计图上往往给出拟建建筑物与原有建筑物或道路中心线的位置关系,此时建筑物角桩即可根据图上给出的有关数据测设。如图 7-14 所示,实验楼为已有建筑物,图书馆为待建建筑物,它们相距 15.00m,且要求南墙平齐。首先用钢尺沿实验楼东、西墙延长出一小段距离 d,分别定出 a、b 两点,然后将经纬仪置于 a 点照准 b 点,从 b 点沿视线方向量取 15.24m(外墙轴线至外墙外侧为 0.24m)定点为 m 点,继续向前量 30.00m 定点 n 点。然后将经纬仪分别置于 m、n 点,瞄准 a 点,测设 90°角,用正倒镜方法沿视线方向量取 d +0.24m 得 A、B 两点,从 A、B 两点继续量取 12.00m 得 C、D 两点。所定 A、B、C、D 四个点即为图书馆楼主轴线的交点桩,亦为角桩。最后,用经纬仪检测四个角是否等于 90°，AB、CD 的距离是否为 30.00m,其角度误差应小于 ±40″,距离误差(与设计长度的相对误差)应小于 1/2000。

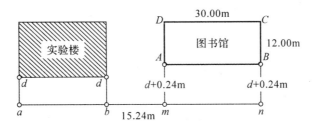

图 7-14 根据原有建筑物定位

2.根据建筑方格网定位

建筑施工场地若有建筑方格网,则可用直角坐标法测设角桩。如图 7-15 所示,A、B、C、D 为建筑物主轴线的交点,其坐标已知,如表 7-1,由 A、B 点的坐标值计算建筑物长度。

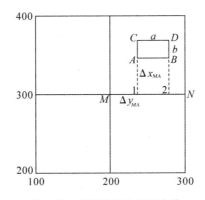

图 7-15 根据建筑方格网定位

表 7-1 建筑方格网坐标

点 号	x/m	y/m
A	346.50	216.50
B	346.50	260.74
C	360.74	216.50
D	360.74	260.74

长度 $a = 260.74 - 216.50 = 44.24$(m)

宽度 $b = 360.74 - 346.50 = 14.24$(m)

由 M、A 坐标值计算坐标增量:

$$\Delta x_{MA} = 346.50 - 300.00 = 46.50(\text{m}),$$

$$\Delta y_{MA} = 216.50 - 200.00 = 16.50(\text{m})$$

测设时,先把经纬仪置于格网点 M 上,瞄准 N 点,沿视线方向量取 Δy_{MA},定点 1,再由

1点沿视线方向量取建筑物长度a定点2,然后,将经纬仪置于1点,瞄准N点,逆时针测设90°角,在视线方向量取Δx_{MA}定点A,再由A继续向前量取建筑物宽度b定点C。之后,将经纬仪置于2点,同法定出B点及D点。最后进行校核,量取AB、CD、AC、BD的长度,看其是否等于建筑物的设计长度。

3.根据已有控制点定位

如图7-16,1、2、3、4为导线控制点,A、B、C、D为建物的主轴线交点,其坐标均已知,通过坐标反算可得到距离D_{2A}、D_{3B}以及夹角β_1、β_2,分别将经纬仪置于2、3点,用极坐标法即可定出A、B点。根据地形情况,也可以用角度交会法测设。

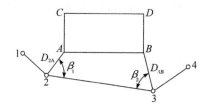

图 7-16　根据已有控制点定位

三、建筑物的放线

建筑物的放线是根据已定位的建筑物主轴线的交点桩(角桩),详细测设建筑物其他各轴线交点的位置,并用木桩(桩顶钉小钉)标志出来,叫做"中心桩"。再根据角桩中心钉位置,用石灰撒出基槽边界线。

由于在施工开槽时角桩和中心桩要被挖掉,因此,在开槽之前要把建筑物各轴线延长引测到基槽外的安全地点,并设置标志。以后利用这些标志可以随时恢复建筑物的轴线。引测轴线桩的方法有两种:①设置龙门板,②设置控制桩。

(一)龙门板的设置

在一般民用建筑中为便于施工,常在基槽开挖之前将各轴线引测至槽外的水平木板上,作为挖槽后各阶段恢复轴线的依据。如图 7-17,钉设龙门板的步骤如下。

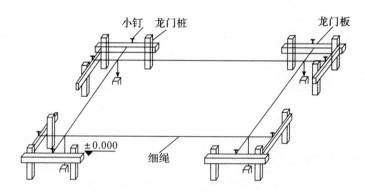

图 7-17　龙门板的设置

1)在建筑物四角与隔墙两端基槽外 1.5～2.0m(根据土质和挖槽深而定)的地方钉设龙门桩。桩要坚直、牢固,桩的侧面与基槽平行。

2)根据水准点高程,用水准仪在每个龙门桩上测设出室内地坪设计高程线即±0 标高线,用红油漆画一横线作为标志。若现场条件不许可,可测设比±0 高或低整分米数的标高线。同一建筑物最好只选用一个标高,如地形起伏较大选用两个标高时,一定要标注清楚,以免使用时发生错误。

3)根据龙门桩上测设的±0 标高线钉设龙门板,使龙门板顶面标高都在±0 的水平面上。

4)把经纬仪置于角桩,中心桩上,将各轴线引测到龙门板顶面上,并钉小钉标明,称中心钉。

5)用钢尺沿龙门板顶面检查中心钉的间距是否正确,其误差不应超过 1/2000。检查合格后,以中心钉为准,将墙宽、基槽宽标在龙门板上,最后根据基槽上口宽度拉上小线,用石灰撒出基槽开挖边线。

龙门板的优点是:标志明显、方便使用,能控制±0 以下各层的标高和槽宽、基础宽、墙宽,并使放线工作集中进行。最大的缺点:需要较多木材且占场地,使用机械挖槽时龙门板不易保存。为此,有些施工单位已不设龙门板,而设控制桩。

(二) 控制桩的设置

控制桩又叫引桩,一般钉在槽边外 2～4m ,不受施工干扰且便于引测和保存桩位的地方。如附近有建筑物,也可以把轴线引测到建筑物上,用红油漆作上标志,作为控制桩,为保证控制桩的精度,在大型建筑物的放线过程中,控制桩与中心桩一起测设。在多层或高层建筑中,为了便于向上层投测轴线,应在较远的地方或平移至楼的内侧测设控制桩。

四、施工过程中的测量工作

施工过程中的测量工作,是指根据施工进度要求及时准确地给出各种施工标志所做的各项测量工作。其主要内容有:基础施工测量、墙体工程施工测量、多层建筑物的轴线投测和标高传递。

1.基础施工测量

基础施工测量的主要任务是控制基槽开挖的深度,防止因基槽超挖而导致破坏土壤的天然结构。当挖槽深度接近槽底时,根据±0 标志,用水准仪在槽壁上每隔 3～5m 测设一个水平桩,使桩的上表面距槽底标高为整分米数,并沿桩顶面拉直线绳,作为修平槽底和基础垫层施工的标高依据。

【例 7-1】　如图 7-18 所示,基底设计标高为 −1.700m,在±0 点上立尺后,水准仪读得后视读数为 0.774m,欲测设比槽底设计标高高 0.500m 的水平桩,前视读数应为:

$$b = 1.700 + 0.774 - 0.500 = 1.974 (\text{m})$$

应将水准尺沿基槽边一侧上下移动,当尺的读数正好为 1.974m 时,沿尺底面在槽壁打一小桩,即要测设的水平桩。

垫层打好后,根据控制桩或龙门板上中心钉,在垫层上用墨线弹出墙中线和基础的边

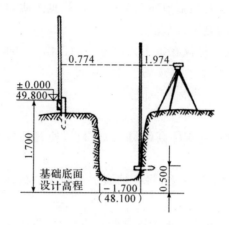

图 7-18 基槽水平桩测设

线,俗称摽底。由于整个墙身砌筑均以此线为准,所以要严格校核。然后立好基础皮数杆,即可开始砌筑基础。当墙身砌筑到±0标高的下一层砖时,作好防潮层并立皮数杆,再向上砌筑。

2.墙体工程施工测量

(1)墙身投测

在基础施工时,由于土方及材料的堆放、搬运等原因,有可能碰动龙门板或控制桩,使其产生位移,所以,基础施工结束后,应认真对其进行检查复核。无误后,可利用龙门板或控制桩将轴线投测到基础或防潮层的侧面。如图7-19所示,轴线位置在上部砌体确定以后,就可以此进行墙体的砌筑,同时也代替了控制桩的作用,作为向上投测轴线的依据。

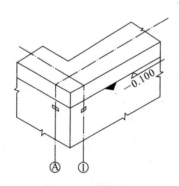

图 7-19 墙体定位

(2)皮数杆的设置

如图7-20所示,皮数杆是砌墙时掌握墙身各部位标高和砖行水平的主要依据。它根据建筑物的剖面图画有每皮砖和灰缝的厚度,同时注明窗口、过梁、圈梁、楼板等位置和尺寸大小。

皮数杆一般立在建筑物拐角和隔墙处。立皮数杆时,先在地面上打一木桩,用水准仪测出±0标高位置,然后,把皮数杆上的±0线与木桩上±0对齐、钉牢。为方便施工,采用里

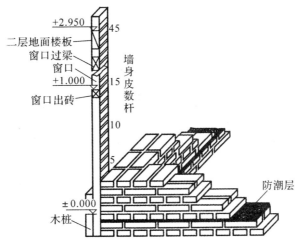

图 7-20　皮数杆的设置

脚手架时,皮数杆立在墙外边,采用外脚手架时,皮数杆应立在墙里边。皮数杆钉好后,要用水准仪进行检测,并用垂球来校正皮数杆的竖直。另外框架或钢筋混凝土柱间砌砖时,每层皮数杆可直接画在构件上,而不立皮数杆。

3.轴线投测和标高传递

(1)轴线投测

建筑物的一层砌筑完成后,需要把轴线投测到上一层,然后以此为依据继续进行施工。

1)悬吊垂球法

当建筑物层数不多时,投测轴线的方法是:将重垂球悬吊在楼板或柱子边缘,垂球尖对准基础上定位轴线,当垂球稳定后,此时垂球线在楼板或柱子边缘的位置,即上一层轴线位置,画一短线作为标记。同法测设其他轴线位置,相应标记的连线为定位轴线,并在楼面上弹出墨线,用钢尺检查各轴线的间距,其相对误差不得大于 1/3000,符合要求后,即可据此施工。依次将轴线逐层自下向上传递,为保证建筑物的总竖直度,每层楼面的轴线均应直接由底层向上投测。悬吊垂球法既简便易行,又能保证施工质量。缺点是,如果风大或建筑物较高时,常因垂球摆动,不易准确确定建筑物轴线位置。

2)经纬仪投测法

经纬仪投测,如图 7-21,经纬仪安置在中心轴线控制桩 A_1、A'_1、B_1、B'_1 上,严格对中整平,用望远镜照准底层的轴线标志 a_1、a'_1、b_1、b'_1,用正、倒镜向上投测到楼板上,并取其正、倒镜的平均位置作为该中心轴线的投测点 a_2、a'_2、b_2、b'_2,相应投测点的连线,即该层的中心轴线。根据中心轴线在楼板上用钢尺进行放样,用平行推移法测设其他轴线的位置。

如果轴线控制桩距建筑物较近,随着楼房逐渐增高,投测轴线时,望远镜仰角过大,不但不便于操作,投测精度也有所下降。因此,有条件时,应将轴线控制桩引测到更远的地方或引测到高楼楼顶上。

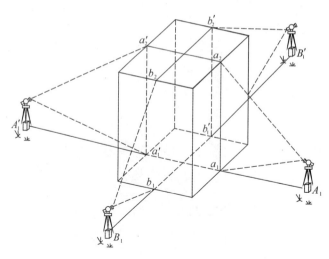

图 7-21　经纬仪投测法

（2）标高传递

在多层建筑物施工中，需要由下层楼板向上层传递标高，可采用钢尺直接丈量的方法，

即用钢尺沿某一墙角自±0 起向上直接丈量，把标高传递上去。此外，还可采用吊钢尺法，在楼梯间吊上钢尺，用水准仪读取钢尺读数，把下层标高传到上层。标高传递的方法较多，应根据工程性质、精度要求等，因地制宜地加以选择。

第四节　高层建筑施工测量

一、高层建筑物的轴线投测

高层建筑由于层数多、高度大、建筑结构复杂，为确保施工质量，对建筑物各水平位置，轴线尺寸，垂直度的偏差要进行严格控制。正确地向各楼层引测轴线，是有效控制竖向偏差的关键。对于高层建筑，用一般的经纬仪投测轴线往往不适用，通常的做法是在建筑物底层内侧设轴线控制点，并将其传递到各层楼面上，作为各轴线测设的依据。

高层建筑物轴线投测的方法，一般有重锤投测法，激光铅垂仪投测法。

1.重锤投测法

如图 7-22 所示，轴线控制点布设在角点的柱子近旁，其连线与柱子的设计轴线平行，相距约 0.5～0.8m，在底层埋设固定标志，同一层的控制点之间应构成矩形或十字形。为了将底层的轴线控制点投测到各层楼板上，在点的垂直方向上的各层楼板预留出边长为 0.2～0.3m 的方形开口，供垂线通过。投测时，在开口处安置挂有吊线坠的十字架，移动十字架，当锤尖静止的对准地面固定标志时，十字架中心就是应投测的点，同理投测其他轴测点。

2.激光铅垂仪投测法

控制点的布设与上述相同。激光铅垂仪是专门用来进行高层建筑物、高烟囱、高水塔的

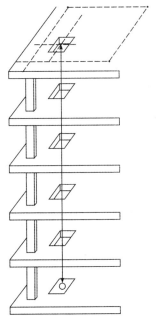

图 7-22　重锤投测法

垂直定位测量仪器。利用激光铅垂仪投测高层建筑物的轴线,其精度高、速度快,尤其是在施工场地狭窄的情况下,更显其优越性。激光铅垂仪主要由氦氖激光器、仪器竖轴、水准器、发射望远镜和基座组成,如图 7-23 所示。

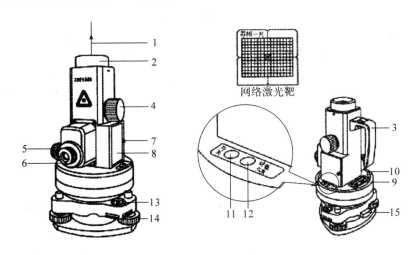

图 7-23　激光铅锤仪

1.望远镜激光束;2.物镜;3.手柄;4.物镜调焦螺旋;5.目镜调焦螺旋;6.目镜;7.电池盒固定螺丝;8.电池盒盖;9.管水准器;10.管水准器校正螺丝;11.电源开关;12.对点/垂准激光切换开馆;13.圆水准器;14.脚螺旋;15.轴套锁定钮

高层建筑施工向上投测轴线时,将激光铅垂仪安置在轴线控制点上,进行严格的对中整平后接通电源,打开起辉开关,即可发射铅垂的可见光线。在楼板的预留孔上安放绘有坐标格网的接收靶,激光光斑在接收靶上的位置即地面控制点的竖直投影位置,如图 7-24 所示。

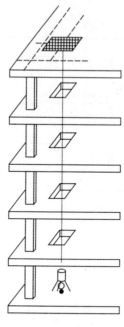

图 7-24　激光铅锤仪法

二、高层建筑的标高传递

高层建筑物的标高在施工中的传递,是根据底层室内地坪±0 的控制点,用水准仪在底层的内墙上测设一条整分米的标高线。以后每升高一层,以底层整分米标高线为准,用钢尺沿墙向上丈量出层高,定出上一层的整分米的标高线。也可以在楼梯间悬吊钢尺,用水准仪测设标高线。根据每层的标高线,可进行门窗安装、地面施工及装修等。

第五节　工业厂房施工测量

工业厂房一般规模较大,大多是排柱式建筑,跨度和间距也大,一般采用预制构件在现场安装的方法进行施工。所用构件是按照设计尺寸预制的,因此,必须按照设计要求的位置和尺寸安装,才能确保各构件间的正确位置关系。

一、厂房控制网的测设

考虑工业厂房柱子多、轴线多,且施工精度要求高的特点。在建筑方格网的基础上,还要对每幢厂房建立满足厂房特殊精度要求的厂房矩形控制网,作为厂房施工的基本控制。图 7-25 中,Ⅰ、Ⅱ、Ⅲ、Ⅳ为建筑方格网点,a、b、c、d 为厂房最外边的 4 条轴线的交点,其设计坐标已知。A、B、C、D 为布置在基坑开挖范围以外的厂房矩形控制网的 4 个角点,称为厂房控制桩。可通过厂房最外边轴线交点的坐标和设计间距 d_1、d_2 求出厂房控制点的坐标。

测设时,先根据方格网Ⅰ、Ⅱ用直角坐标法测设出 A、B 两点,然后再由 A、B 测设出 C 点和 D 点,分别用大木桩标定。最后还要实测 $\angle C$、$\angle D$ 并与 90°比较,误差不应超过 10″,精密测量 CD 边长,与设计长度进行比较,其相对误差不应超过 1/10000。为了方便进行细部的测设,在进行厂房矩行控制网测设的同时,还应沿控制网每隔若干柱间距埋设一个控制桩,称为距离指标桩。

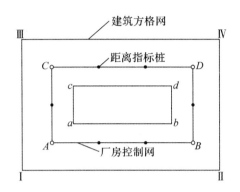

图 7-25　厂房控制网的测设

对于小型厂房也可采用民用建筑的测设方法直接测出厂房轴线的 4 个角点,然后再将轴线投射到控制桩或龙门板上。

对于大型或设备基础复杂的厂房,则应精确测设厂房控制网的主轴线,主轴线一般与厂房的柱列轴线相重合,以方便后面的细部放样。图 7-26 所示为大型厂房的矩形控制网,主轴线 MON 和 POQ 分别选在厂房中间部位的柱轴线Ⓑ轴和⑧轴上,A、B、C、D 为矩形控制网的 4 个控制点。

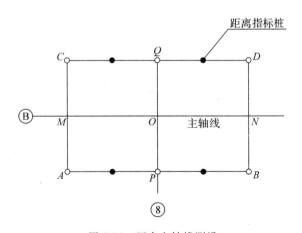

图 7-26　厂房主轴线测设

测设时,首先将长轴 MON 测定于地面,再以长轴为依据测设短轴 POQ,两轴的交角误差应在±5″之内,否则,应对短轴进行调整。主轴线方向确定后,从 O 点起,向各自方向精确测量距离定出轴线端点 M、N、P、Q,主轴线长度的相对误差不应超过 1/50000。主轴线确定后,可测设矩形控制网,即通过主轴线端点测设 90°角,交会出控制点 A、B、C、D,最后精密测量控制网边长,其精度与主轴线相同,若角度交会与量距测得的 A、B、C、D 点不相符,则进行必要的调整。在进行边线量距时,同时定出距离指标桩。

二、厂房柱列轴线的测设

图 7-27 所示,Ⓐ—Ⓐ、Ⓑ—Ⓑ、Ⓒ—Ⓒ、①—①、②—②等轴线均为柱列轴线。

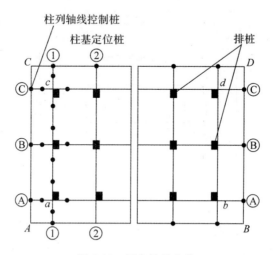

图 7-27　厂房轴线定位

厂房矩形控制网测设完成后,即可按柱列间距和跨距用钢尺从靠近的距离指标桩量取,沿矩形控制网各边测设出各柱列轴线桩的位置打入方木桩,钉上小钉,作为柱基测设和构件安装的依据。

三、厂房柱基的测设

1.柱基的放样

柱基的放样是以柱列轴线与柱基础的尺寸关系测定的。如图 7-28 所示,以Ⓐ、④轴交点处的柱基为例说明。用两台经纬仪分别置于柱列轴线控制桩Ⓐ和④上,瞄准各自轴线另一端的控制桩,交会出的轴线交点即为该柱基的定位点。然后根据基础平面图和基础大样图所注的尺寸,在基坑边线外 0.5～1m 处的轴线方向上打入 4 个小木桩作为基坑定位桩,再由基础详图的尺寸和基坑放坡宽度,用特制角尺放出开挖边线,并撒白灰标明。

2.基坑抄平

在基坑开挖接近基底设计标高时,在基坑四壁测设相同高程的水平桩,又称腰桩。桩的上表面与基底设计标高一般相差 0.3～0.5m,作为清底和修坡的标高依据。此外,在坑内测设垫层标高桩,其桩顶标高恰好等于垫层的设计标高。如图 7-29 所示。

3.基础模板定位

基础垫层打好后,根据基础形状和尺寸布置钢筋,安置模板即为模板定位。由定位小木桩拉线吊垂球,将柱基定位线投到垫层上,弹出墨线用红漆画出标志,以此布置钢筋和立模板。立模板时应使模板底线与垫层上的定位线对齐,并用垂球检查模板是否竖直。最后用

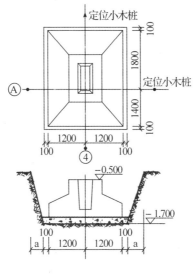

图 7-28　柱基定位

图 7-29　腰桩及垫层标高桩

水准仪将柱基顶面设计标高引测到模板的内壁上,以控制灌注基础的高度。

四、厂房构件的安装测量

装配式工业厂房多采用预制构件在现场安装的办法施工。为确保各构件间的正确位置关系,必须按照设计要求的尺寸和位置安装。构件安装包括:柱子、吊车梁、吊车轨、屋架等。

1. 柱子安装测量

(1)柱子安装前的准备工作

1)柱基杯口和柱身弹线

柱子安装前,应根据轴线控制桩,把定位轴线投测到杯型基础的顶面上,弹线标明并用红油漆画上"▷"标志,作为柱子中心的定位线。如果柱子中心不在柱列轴线上,应在基础顶面加弹柱子中心定位线,并用红油漆画上"▷"标志。同时,用水准仪在杯口内壁测设－0.600m标高线,并画上标志"▷"作为杯底找平的依据。如图 7-30,另外,在每根柱子的 3 个侧面上弹出柱中心线,并在每条中心线的上端和下端(靠近杯口处)画出"▷"标志,还应根据牛腿面设计标高,从牛腿面向下用钢尺量出±0 的标高线,画出"▷"标志。

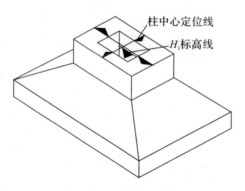

图 7-30 基础顶面弹线

2)柱长检查与杯底找平

柱子安装时,应严格保证牛腿顶面符合其设计标高,如图 7-31,设牛腿顶面设计标高为 H_2,基础杯口底面设计标高为 H_1,柱身长为 L,则有:

$$H_2 = H_1 + L$$

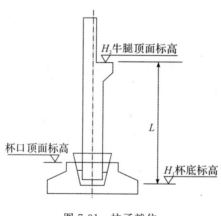

图 7-31 柱子就位

由于柱子预制误差以及柱基施工误差,柱子安装后,牛腿顶面的实际标高与设计标高往往不一致。为了解决这一矛盾,通常是在浇筑基础时有意将杯口底面标高比设计标高降低 $2 \sim 5 \mathrm{cm}$。安装前,用钢尺实际丈量每根柱子牛腿顶面至柱底的长度 L',再由 H_2 和 L' 计算出杯口底面实际需要的标高。

$$H'_1 = H_2 - L'$$

然后根据杯口内壁的标高线,用 1:2 的水泥砂浆找平,使杯底的标高达到 H'_1。

(2)柱子的安装测量

柱子的安装测量工作是为了保证柱子位置正确,柱身竖直,牛腿面符合设计标高。柱子吊起插入杯口,先使柱子基本竖直,使柱脚中心与杯口顶面定位轴线对齐,并用木楔临时固定。再用两台经纬仪安置在离柱子 1.5 倍柱高的纵、横两条轴线上,如图 7-32 所示。先照准柱子下部的标志"▷"固定照准部,逐渐抬高望远镜,检查柱子上部的标志"▷"是否在视线

上,如有偏差,指挥吊装人员调节缆绳或用千斤顶进行校正调整,直到两个互相垂直方向的
竖直偏差都符合要求为止。

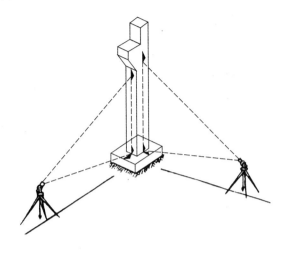

图 7-32　柱身的垂直度校正

在实际工作中,为了提高观测速度,常把成排的柱子都竖起来,分别吊入各自的杯口内,
初步固定。这时将两台经纬仪分别安置在纵、横轴线的一侧,夹角 β 最好在 15°以内,安置一
次仪器可校正多根柱子。如图 7-33,柱子安装校正满足精度要求后,用沙浆或细石混凝土
将柱子最终固定。

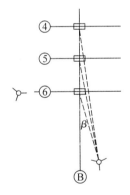

图 7-33　多柱垂直度校正

(3)注意事项及精度要求

1)使用的经纬仪必须经过严格的检验校正,仪器操作时,照准部的水准管气泡严格
居中。

2)对变载面的柱子吊装校正时,经纬仪必须安置在柱列轴线上。

3)柱子上部的中心线与柱子下部的中心线偏差应在±5mm 之内。

4)用水准仪检查各个牛腿面标高是否符合设计要求,当柱高在 5m 以下时允许值为±
5mm,柱高在 5m 以上时允许值为±8mm。

2. 吊车梁和吊车轨道的安装测量

(1)吊车梁的安装测量

吊车梁安装测量的目的是,使吊装后的吊车梁中心线与吊车轨的设计中心线在同一竖直面内,梁面标高与设计标高相一致。首先,在吊车梁的顶面和两端面上弹出梁中心线,然后,将梁中心线引测到牛腿面上。引测的方法如图 7-34(a)所示。根据柱列轴线Ⓐ、Ⓑ与梁中心线间的设计距离,计算出轨道中心线到厂房纵向柱列轴线的距离 e,采用平行线法在地面上测出吊车梁的中心线 $A'A'$ 和 $B'B'$,分别安置经纬仪于控制点 A'、B',照准另一端控制点 A'、B',抬起望远镜,将吊车梁的中心线投测到每根柱子的牛腿面上,并弹上墨线。安装时,使梁中心线与牛腿面投测的梁中心线相重合,即完成初步定位,然后用经纬仪进行校正。校正的方法如图 7-34(b)所示。根据柱列轴线,在地面上放出一条与吊车梁中心线相平行,距离为 d(如 1m)的校正轴线。吊车梁校正时,将经纬仪置于校正轴一端点上,照准校正轴另一端点。固定照准部,仰起望远镜照准木尺,当视线正对准尺上 1m 刻划时,尺的零点应与梁面上的中心线重合。否则应移动吊车梁,直到吊车梁中心线与校正轴线的距离均为 1m 时为止。

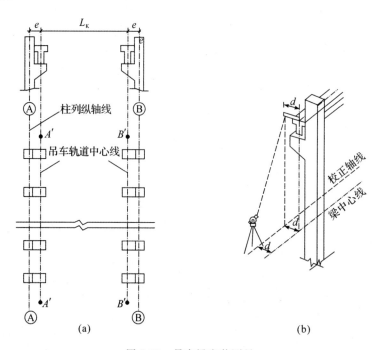

图 7-34　吊车梁安装测量

(2)吊车轨道的安装测量

吊车轨道安装前,可将水准仪安置在吊车梁上,检测梁顶面标高,用钢垫板予以调整使其达到设计要求。吊车轨道按中心线安装就位后 ,用水准仪检测其轨顶标高,每隔 m 测一点,该差应在±3mm 之内,最后,还要用钢尺实际丈量吊车轨道间距,其误差不得超过±5mm。

第六节　烟囱或水塔施工测量

烟囱或水塔的共同特点是:基础面积小、主体高。施工测量的主要任务就是控制中心位置,以确保烟囱主体竖直。

一、基础定位测量

根据图纸的设计要求和计算数据,利用已有控制点或与已有建筑物的位置尺寸关系,在地面上测设出烟囱中心位置 O,然后在 O 点安置经纬仪,测设出以 O 为交点的互相垂直的两条定位轴线 AB 和 CD,并埋设控制桩 A、B、C、D。控制桩至交点 O 的距离一般应为烟囱高的 1.5 倍,如图 7-35 所示。为便于校核桩位有无变动,以及施工过程中检查烟囱中心位置的方便,可适当多设置几个轴线控制桩。在基坑开挖边线外侧的轴线上测设 4 个定位小木桩 a、b、c、d,以便用于修坡和恢复基础中心位置。

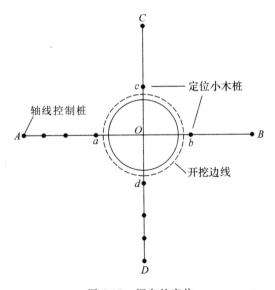

图 7-35　烟囱的定位

二、基础施工测量

烟囱中心 O 点定出后,以 O 为圆心,基础底部半径 r 和基坑放坡坡度 b 为半径 R(即,$R = r + b$)画圆,并用灰线标出挖坑范围。

浇灌基础混凝土时,根据定位小木桩,在基础中心处埋设角钢,用经纬仪在角钢顶面准确地测出烟囱的中心位置,并刻上"十"字线,作为烟囱竖向投点和控制筒身半经的依据。

三、筒身施工测量

烟囱筒身向上砌筑时,其筒身中心线、直径、收坡应严格进行控制。不论是砖烟囱还是钢筋混凝土烟囱,筒身施工时要随时将烟囱中心点引测到施工作业面上。一般高度在100m以下的烟囱,常采用垂球引测。即在施工作业面上固定一长木方,如图7-36所示,用细钢丝悬吊8~12kg重的垂球,移动木方,直到垂球尖对准基础中心为止。此时钢丝在木方上的位置即为烟囱的中心。一般砖烟囱每升高一步架(约1.2m),混凝土烟囱每提升一次模板(约2.5m),都应将基础中心引测到作业面上。高度在100m以上的烟囱用激光铅垂仪引测。

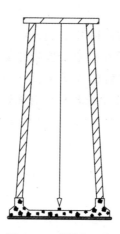

图7-36　引测中心点

另外,烟囱每砌完10m左右,须用经纬仪检查一次中心位置。检查时,将经纬仪分别置于A、B、C、D控制点上,照准基础侧面上的轴线标志,用正、倒镜分中的方法,分别将轴线投测到施工作业面上,并作标记。然后按标记拉线,两线交点即为烟囱中心点。将此中心点与用垂球引测的中心点相比较,进行检核。当筒身高度为100m或100m以下时,其偏差值不应超过所砌高度的1.5/1000,且不大于100mm;当筒身高度在100m以上时,其偏差值不应大于所砌高度的1/1000,且不大于100mm。

另外,在检查烟囱中心线的同时,还应检查筒身水平截面尺寸。以引测的中心线为圆心,施工作业面上烟囱的设计半经为半径,用木杆尺画圆,如图7-37所示,以检查烟囱壁的位置是否正确。

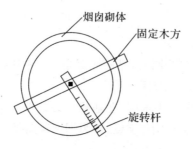

图7-37　烟囱壁位置的检查

任何施工高度的设计半径都可根据设计图计算出。如图7-38。高度为H'时的设计半

径 R' 为：

$$R' = R - H' \times m \tag{7-4}$$

式中：R 为筒身设计底面半径；m 为收坡系数。

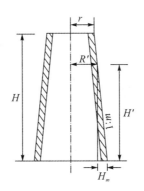

图 7-38　任一断面半径计算

则：

$$m = \frac{R - r}{H} \tag{7-5}$$

式中：r 为筒身设计顶面外半径；H 为筒身设计高度。

筒身外壁的坡度及表面平整，应随时用靠尺板挂线检查，如图 7-39 所示，靠尺板的斜边是按烟囱壁的收坡制作的。检测时，将靠尺板紧靠烟囱外壁，如果尺中所悬挂的垂球线恰好与靠尺板的中线相重合，说明筒壁的收坡符合设计要求。

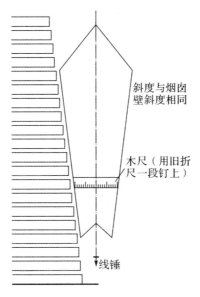

图 7-39　倾斜度靠尺板

烟囱的标高控制，一般用水准仪在烟囱底部的外壁上测出一条 ±0.500m 的标高线，以此标高线直接用钢尺向上量取高度。

复习思考题

1.建筑施工测量的任务、内容和原则是什么？

2.建筑方格网如何布设和测定？

3.简述建筑基线的作用及测设方法。

4.如图 7-40 所示，为确定建筑方格网的主点 A、O、B 根据测量控制点测设出 A'、O'、B' 三点，现精确测得 $\beta = 179°58'48''$，已知 $a = 100\text{m}$，$b = 150\text{m}$，求各点的移动量。

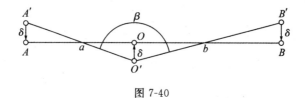

图 7-40

5.设 P 点在施工坐标系中的坐标为：

$$A_P = 1073.382\text{m}$$

$$B_P = 1199.447\text{m}$$

施工坐标系中的原点在测量坐标系中的坐标为：

$$x_0 = 91457.890\text{m}$$

$$y_0 = 70878.508\text{m}$$

施工坐标系中纵坐标轴与测量坐标系中纵坐标轴的夹角为：$\alpha = 1°30'55''$，求 P 点在测量坐标系中的坐标。

6.民用建筑施工测量包括哪些主要工作？

7.龙门板和控制桩的作用是什么？如何设置？

8.简述柱基的放线方法。

9.如何进行柱子的竖直校正工作？

10.试述吊车梁的安装测量工作。

11.简述烟囱的施工测量工作。

12.管道施工测量的主要任务及其内容？

第八章　道路与桥梁工程测量

本章主要介绍道路的初测、定测，各种线路曲线测设，道路的施工测量及桥梁施工测量，重点掌握定测阶段的测量、道路纵断面测量、施工测量以及桥梁施工测量。

第一节　概　述

道路工程测量，也称为路线测量，是指道路工程在勘测设计、施工建造和运营管理各阶段中进行的测量工作。路线测量，在勘测设计阶段为道路工程的各设计阶段提供充分、详细的地形资料；在施工建造阶段将道路中线及其构筑物按设计要求的位置、形状和规格，准确测设于地面；在运营管理阶段，检查、监测道路的运营状态，并为道路上各种构筑物的维修、养护、改建、扩建提供资料。

桥梁工程测量主要包括桥位勘测和桥的施工测量两个部分。前者是根据勘测资料选出最优的桥址方案和做出经济合理的设计。后者是根据桥位控制测量保证桥梁轴线、墩台位置在平面和高程位置上符合设计要求。

第二节　初测阶段的测量工作

初测是根据勘测设计任务书，对方案研究中确定的一条主要道路及有价值的比较道路，结合现场实际情况予以标定，沿线测绘大比例尺带状地形图并收集地质、水文等方面的资料，供初步设计使用。道路初测中的测量工作主要包括：选点插旗、导线测量、高程测量、带状地形图测绘。

一、选点插旗

根据方案研究阶段在已有地形图上规划的道路位置，结合实地情况，选择道路交点和转点的位置并插旗，标出道路走向和大概位置，为导线测量及各专业调查指出行进方向。选点插旗是一项十分重要的工作，一方面要考虑道路的基本方向，另一方面要考虑导线测量、地形测量的要求。

二、导线测量

1.初测导线的外业工作

初测导线是测绘道路带状地形图和定线、放线的基础,导线应全线贯通。导线的布设一般是沿着大旗的方向采用附合导线的形式,导线点位应尽可能接近道路中线位置,在桥隧等工点还应增设加点,相邻点位的间距以 50~400m 为宜,相邻边长不宜相差过大。采用全站仪或光电测距仪观测导线边长时,导线点的间距可增加到 1000m,但应在不长于 500m 处设置加点。当采用光电导线传递高程时,导线边长宜在 200~600m 之间。

铁路和公路初测导线的水平角观测,习惯上均观测导线右角,应使用不低于 DJ_6 型经纬仪或精度相同的全站仪观测一个测回。两半测回间角值较差的限差:J_2 型仪器为 $15''$,J_6 型仪器为 $30''$,在限差以内时,取平均值作为导线转折角。

导线的边长测量通常采用光电测距,相邻导线点间的距离和竖直角应往返观测各一测回,对距离一测回读数 4 次,边长采用往测平距,返测平距仅用于检核。检核限差为 $2\sqrt{2}m_D$,m_D 为仪器标称精度。采用其他测距方法时,精度要求为 1/2000。

由于初测导线延伸很长,为了检核导线的精度并取得统一坐标,必须设法与国家平面控制点或 GPS 点进行联测。一般要求在导线的起、终点及每延伸不远于 30km 处联测一次。当联测有困难时,应进行真北观测,以限制角度测量误差的累积。

当前,随着测量仪器设备的发展,在铁路和公路道路平面控制测量中,初测导线越来越多地使用 GPS 和全站仪配合施测。从起点开始沿道路方向直至终点,每隔 5km 左右布设 GPS 对点(每对 GPS 点间距三四百米),在 GPS 对点之间按规范要求加密导线点,用全站仪测量相邻导线点间的间距和角度,之后使用专用测量软件,进行导线精度校核及成果计算,最终获得各初测导线点的坐标。若条件允许,在对点之间的导线点,也可全部使用 RTK 施测。

2.初测导线的成果检核

《工程测量规范》中对一般公路初测导线的主要技术要求见表 8-1。在《公路勘测规范》中,对不同等级公路测量的各项技术指标均有明确的要求,具体应用时,可查阅有关规定。

表 8-1 一般公路初测导线的主要技术要求

方位角闭合差/″			相对闭合差
附 合	两端测真北	一端测真北	
$30\sqrt{n}$	$30\sqrt{n+10}$	$30\sqrt{n+5}$	1/2000

注:n 为测站数。

三、高程测量

初测高程测量的任务:①沿道路布设水准点构成道路的高程控制网;②测定导线点和加桩的高程,为地形测绘和专业调查使用。初测高程测量通常采用水准测量或光电测距三角高程测量方法进行。

1.水准点高程测量

道路高程系统宜采用1985年国家高程基准。水准点应沿线布设,一般间距为1~2km,并设在距道路中心线一定范围内,每延伸不远于30km处应与国家水准点或相当于国家等级的水准点联测,构成附合水准路线。采用水准测量时,以一组往返观测或两组并测的方式进行;采用光电测距三角高程测量时,可与平面导线测量合并进行,导线点应作为高程转点,高程转点之间及转点与水准点之间的距离和竖直角必须往返观测。

2.导线点高程测量

在水准点高程测量完成后,进行导线点与加桩的高程测量。无论采用水准测量还是光电测距三角高程测量方法,测量路线均应起闭合于水准点,导线点必须作为转点(转点高程取至 mm,加桩高程取至 cm)。水准测量时,采用单程观测;光电测距三角高程测量时,只须单向测量;其中距离和竖直角可单向正镜观测两次,也可单向观测一测回。

若采用光电测距三角高程测量方法,同时进行水准点高程测量、导线点与中桩高程测量,导线点与中桩高程测量宜在水准点高程测量的返测中进行。

道路初测中高程测量的主要技术要求见表8-2。

表 8-2　初测线路高程测量限差

项　　目		往返测高差不符值	附合路线闭合差	检测
水准点	水准测量	$30\sqrt{K}$	$30\sqrt{L}$	$30\sqrt{K}$
	光电测距三角高程测量	$60\sqrt{D}$	$30\sqrt{L}$	$30\sqrt{D}$
加桩	水准测量		$50\sqrt{L}$	100
	光电测距三角高程测量		$50\sqrt{L}$	100

注:K 为相邻水准点间水准路线长度;L 为附合水准路线长度;D 为光电测距边的长度;K、L、D 均以 km 为单位。

四、带状地形图测绘

道路的平面和高程控制建立之后,即可进行带状地形图测绘。测图常用比例尺有1:1000、1:2000、1:5000,应根据实际需要选用。测图宽度应满足设计的需要,一般情况下,平坦地区为导线两侧各 200~300m,丘陵地区为导线两侧各 150~200m。测图方法可采用全站仪数字化测图、经纬仪测图等。

第三节　定测阶段的测量工作

定测阶段的主要测量工作是中线测量和纵横断面测量。中线测量的任务是把带状地形图上设计好的道路中线测设到地面上,并用木桩标定出来。中线测量包括定线测量和中桩测设。定线测量就是把图纸上设计中线的各交点间直线段在实地上标定出来,也就是把道路的交点、转点测设到地面上;中桩测设则是在已有交点、转点的基础上,详细测设直线和曲线,即在地面上详细钉出中线桩。

一、道路的平面线形及桩位标志

1.道路的平面线形

如图 8-1 所示,道路中线的平面线型由直线、圆曲线和缓和曲线组成,其中圆曲线是一段圆弧,其曲率半径在该段圆弧中是定值,缓和曲线是一段连接直线与圆曲线的过渡曲线,其曲率半径从无穷大渐变为圆曲线半径。

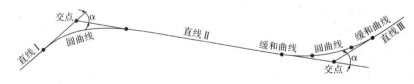

图 8-1　道路平面线形的组成

2.里程、里程桩、中线桩

里程,是指道路中线上点位沿中线到起点的水平距离。里程桩,指钉设在道路中线上注有里程的桩位标志。里程桩上所注的里程也称为桩号,以公里数和公里以下的米数相加表示,若里程为 1234.56m,则该桩的桩号记为"K1+234.56"。里程桩设在道路中线上,又称中线桩,简称中桩。

中桩分为整桩和加桩。整桩是由道路的起点开始,每隔 10m、20m 或 50m 的整倍数设置的里程桩,其中里程为整百米的称百米桩,里程为整公里的称公里桩。加桩分为地形加桩、地物加桩、曲线加桩和关系加桩。地形加桩是在中线地形变化处设置的桩;地物加桩是在中线上桥梁、涵洞等人工构造物处以及与其他地物交叉处设置的桩;曲线加桩是在曲线各主点设置的桩;关系加桩是在转点和交点上设置的桩。所有中桩中,对道路位置起控制作用的桩点可视为中线控制桩,通常直线上的控制桩有交点桩(JD)和转点桩(ZD),曲线上的控制桩有直圆点(ZY)和圆直点(YZ)、直缓点(ZH)和缓直点(HZ)、缓圆点(HY)和圆缓点(YH)、曲中点(QZ)。

钉设中桩时,所有控制桩点均使用方桩,将方桩钉至与地面齐平,顶面钉一小钉精确表示点位,在距控制桩点约30cm 处还应钉设指示桩(板桩),如图8-2所示。指示桩上应写明该桩的名称和桩号,字面朝向方桩,直线上钉设在道路前进方向的左侧,曲线上钉设在曲线外侧。除控制桩外,其他中桩一般不设方桩,通常使用板桩,直接钉设在点位上并露出地面 20～30cm,桩顶不需要钉小钉,在朝向道路起点的一侧桩面上写明桩号。

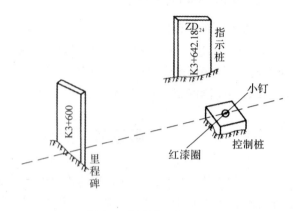

图 8-2　平面位置标志

二、中线测量

1. 交点和转点的测设

定线测量中,应先测设出交点(JD)。当相邻两交点间互不通视或直线段较长时,需要在其连线上测定一个或几个转点(ZD),以便在交点测量转向角和直线量距时作为照准和定线的目标。直线上一般每隔 200～300m 设一转点,在道路与其他道路交叉处以及需要设置桥涵等处,也要设置转点。

测设交点和转点时,先根据设计图纸求出交点、转点的测量坐标(或者通过计算机直接在数字化地形图上点击获得交点、转点的测量坐标),之后再根据交点、转点、导线点的坐标计算出采用极坐标法放样的有关角度和距离值,外业测设时,将全站仪安置在导线点上,瞄准另一导线点定向,测设出交点、转点。

计算出交点、转点的测量坐标后,也可使用 RTK 施测。

2. 道路转向角的测定

转向角是指道路由一个方向偏转至另一方向时,偏转后的方向与原方向间的夹角,用 α 表示。如图 8-3 所示,当偏转后的方向位于原方向右侧时,为右转角 α_y(道路向右转);当偏转后的方向位于原方向左侧时,为左转角 α_z(道路向左转)。在道路测量中,习惯上通过观测道路的右角 β 计算出转向角。右角 β 通常用精度不低于 DJ_6 级经纬仪采用测回法观测一个测回,两个半测回间应变动度盘位置。当 $\beta<180°$ 时为右转向角,$\alpha_y=180°-\beta$;当 $\beta>180°$ 时为左转向角,$\alpha_z=\beta-180°$。

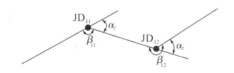

图 8-3 路线转向角

三、中桩测设

为了详细标出道路中线的位置及里程,通常按整桩在直线上每 50m、曲线上每 20m 钉设中桩,在地形明显变化以及与地物相交处、曲线主点等位置上设置加桩。

1. 曲线要素及曲线坐标计算

(1)圆曲线要素计算

如图 8-4 所示,圆曲线的主点有:

直圆点——按道路里程增加方向由直线进入圆曲线的分界点,以 ZY 表示;

曲中点——圆心和交点的连线与圆曲线的交点,以 QZ 表示;

圆直点——按道路里程增加方向由圆曲线进入直线的分界点,以 YZ 表示。

圆曲线的要素有:

切线长——JD 至 ZY(或 YZ)的线段长度,以 T 表示;

曲线长——ZY 至 YZ 的圆弧长度,以 L 表示;

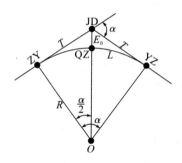

图 8-4　圆曲线主点与要素

外矢距——QZ 至 JD 的线段长度,以 E_0 表示;

切曲差——始、末两端切线总长与曲线长度之差值,以 D 表示,$D = 2T - L$。

根据图 8-4,可得圆曲线要素的计算公式如下:

$$
\left.
\begin{aligned}
T &= R \cdot \tan \frac{\alpha}{2} \\[1.2em]
L &= R \cdot \alpha \cdot \frac{\pi}{180°} \\[1.2em]
E_0 &= R \cdot \sec \frac{\alpha}{2} - R = R \left(\sec \frac{\alpha}{2} - 1 \right) \\[1.2em]
D &= 2T - L
\end{aligned}
\right\} \tag{8-1}
$$

式中:R——设计时选配的圆曲线半径;

　　α——道路的转向角,通常在现场实测得到。

(2)圆曲线主点里程计算

在中线测量中,曲线段的里程是按曲线长度传递的,圆曲线各主点里程可采用下式计算:

$$
\left.
\begin{aligned}
\text{ZY}_{里程} &= \text{JD}_{里程} - T \\[1em]
\text{QZ}_{里程} &= \text{ZY}_{里程} + \frac{L}{2} \\[1em]
\text{YZ}_{里程} &= \text{QZ}_{里程} + \frac{L}{2}
\end{aligned}
\right\} \tag{8-2}
$$

主点里程的检核,可用切曲差 D 来验算,$\text{YZ}_{里程} = \text{JD}_{里程} + T - D$

【例 8-1】　已知某圆曲线设计选配的半径 $R = 500\text{m}$、实测转向角 $\alpha_y = 28°45'20''$,交点的里程为 K6+899.73,试计算该圆曲线的要素、推算各主点的里程。

解:由式(8-1)可求得圆曲线要素为:

$$
T = R \cdot \tan \frac{\alpha}{2} = 128.17 \text{ (m)}
$$

$$
L = R \cdot \alpha \cdot \frac{\pi}{180°} = 250.94 \text{ (m)}
$$

$$
E_0 = R \left(\sec \frac{\alpha}{2} - 1 \right) = 16.17 \text{ (m)}
$$

$$
D = 2T - L = 5.40 \text{ (m)}
$$

由式(8-2)各主点的里程的推算过程为:

$JD_{里程}$	K6+899.73
$-T$	128.17
$ZY_{里程}$	K6+771.56
$+L/2$	125.47
$QZ_{里程}$	K6+897.03
$+L/2$	125.47
$YZ_{里程}$	K7+022.50
$-(T-D)$	122.77
$JD_{里程}$	K6+899.73 (检核计算)

(3)圆曲线在切线直角坐标系中的坐标计算

如图 8-5 所示,以 ZY(或 YZ)点为坐标原点,以过 ZY(或 YZ)的切线为 x 轴(指向 JD)、切线之垂线为 y 轴(指向圆心),建立直角坐标系。圆曲线上任一点 i 的坐标(x_i,y_i),可由下式计算:

$$
\left.
\begin{aligned}
x_i &= R \cdot \sin\varphi_i \\
y_i &= R(1-\cos\varphi_i) \\
\varphi_i &= \frac{l_i}{R} \cdot \frac{180°}{\pi}
\end{aligned}
\right\}
\tag{8-3}
$$

式中:R——圆曲线半径;

l_i——曲线点 i 至 ZY(或 YZ)点的曲线长。

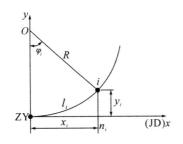

图 8-5 圆曲线在切线直角坐标系中的坐标

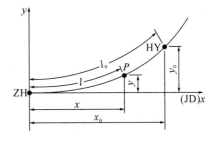

图 8-6 缓和曲线方程

(4)圆曲线加缓和曲线测设

如图 8-6 所示,以缓和曲线与直线的分界点(ZH 或 HZ)为坐标原点,以过原点的切线为 x 轴(指向 JD)、切线之垂线为 y 轴(指向曲线内侧),建立直角坐标系。在缓和曲线上以曲线长 l 为参数,任意一点 P 的坐标计算公式为:

$$
\left.
\begin{aligned}
x &= l - \frac{l^5}{40Rl_0^2} \\
y &= \frac{l^3}{6Rl_0}
\end{aligned}
\right\}
\tag{8-4}
$$

式中:x、y——缓和曲线上任一点 P 的直角坐标;

R——圆曲线半径;

l——缓和曲线上任一点 P 到 ZH(或 HZ)的曲线长;

l_0——缓和曲线长。

当 $l-l_0$ 时，$x=x_0$，$y=y_0$，代入式(8-4)得：

$$
\left.
\begin{aligned}
x_0 &= l_0 - \frac{l_0^3}{40R^2} \\
y_0 &= \frac{l_0^2}{6R}
\end{aligned}
\right\}
\tag{8-5}
$$

式中：x_0、y_0——缓圆点(HY)或圆缓点(YH)的坐标。

缓和曲线是在不改变直线段方向及保持圆曲线半径不变的条件下，插入到直线段和圆曲线之间的。缓和曲线的一半长度处在原圆曲线范围内，另一半处在原直线段范围内，这样就使圆曲线沿垂直于其切线的方向，向里移动距离 p，圆心由 O 移至 O_1。如图 8-7 所示，图 8-7(b)为没有加设缓和曲线的圆曲线，图 8-7(a)为加设缓和曲线后曲线的变化情况。在圆曲线两端加设了等长的缓和曲线后，使原来的圆曲线长度变短，而曲线的主点变为：直缓点(ZH)、缓圆点(HY)、曲中点(QZ)、圆缓点(YH)、缓直点(HZ)。

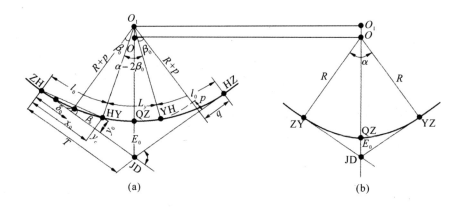

图 8-7 缓和曲线的插入

确定缓和曲线与直线和圆曲线相连的主要数据 β_0、p、q、δ_0、x_0、y_0 统称为缓和曲线常数。其中 β_0 为缓和曲线的切线角，即 HY(或 YH)的切线与 ZH(或 HZ)切线的交角；p 为圆曲线的内移距，即垂线长与圆曲线半径 R 之差；q 为切垂距，即圆曲线内移后，过新圆心作切线的垂线，其垂足到 ZH(或 HZ)点的距离；δ_0 为缓和曲线总偏角，即缓和曲线的起点 ZH(或 HZ)和终点 HY(或 YH)的弦线与缓和曲线起点 ZH(或 HZ)的切线间的夹角。

缓和曲线常数中，x_0、y_0 的计算由式(8-5)求出，其余的计算公式为：

$$
\left.
\begin{aligned}
\beta_0 &= \frac{l_0}{2R} \cdot \frac{180°}{\pi} \\
p &= \frac{l_0^2}{24R} \\
q &= \frac{l_0}{2} - \frac{l_0^3}{240R^2} \\
\delta_0 &\approx \frac{\beta_0}{3} = \frac{l_0}{6R} \cdot \frac{180°}{\pi}
\end{aligned}
\right\}
\tag{8-6}
$$

(5)圆曲线加缓和曲线的要素计算

圆曲线加缓和曲线构成综合曲线,其曲线要素有:切线长 T、曲线长 L、外矢距 E_0、切曲差 D。根据图 8-7(a)的几何关系,可得曲线要素的计算公式如下:

$$\left.\begin{array}{l}
T = (R + p)\tan\dfrac{\alpha}{2} + q \\[2mm]
L = L_y + 2l_0 = R(\alpha - 2\beta_0)\dfrac{\pi}{180°} + 2l_0 \\[2mm]
E_0 = (R + p)\sec\dfrac{\alpha}{2} - R \\[2mm]
D = 2T - L
\end{array}\right\} \tag{8-7}$$

(6)曲线主点里程计算

曲线主点的里程计算,仍是从一个已知里程的点开始,按里程增加方向逐点向前推算。

【例 8-2】 已知道路某转点 ZD 的里程为 K26+532.18,ZD 沿里程增加方向到 JD 的距离为 $D_{ZD-JD} = 263.46\text{m}$。该 JD 处设计时选配的圆曲线半径 $R = 500\text{m}$、缓和曲线长 $l_0 = 60\text{m}$,实测转向角 $\alpha_z = 28°36'20''$,试计算曲线要素并推算各主点的里程。

解:先根据式(8-6),计算得缓和曲线常数:

$\beta_0 = 3°26'16''$,$\delta_0 = 1°08'45''$,$p = 0.300\text{m}$,$q = 29.996\text{m}$

再根据式(8-7)计算得曲线要素:

$T = 157.55\text{m}$,$L = 309.63\text{m}$,$E_0 = 16.30\text{m}$,$D = 5.47\text{m}$。

主点里程推算过程为:

ZD$_{里程}$	K26+532.18
+($D_{ZD-JD} - T$)	105.91
ZH$_{里程}$	K26+638.09
+l_0	60
HY$_{里程}$	K26+698.09
+($L - 2l_0$)/2	94.815
QZ$_{里程}$	K26+792.905
+($L - 2l_0$)/2	94.815
YH$_{里程}$	K26+887.72
+l_0	60
HZ$_{里程}$	K26+947.72
-($2T - D$)	309.63
ZH$_{里程}$	K26+638.09　(检核计算)

(7)圆曲线加缓和曲线在切线直角坐标系中的坐标计算

如图 8-8 所示,在以 ZH(或 HZ)为坐标原点的切线直角坐标系中,缓和曲线上任一点 P 的坐标可用式(8-6)计算:

$$x = l - \frac{l^5}{40Rl_0^2} \left.\right\}$$
$$y = \frac{l^3}{6Rl_0}$$

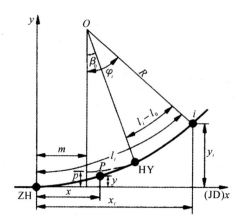

图 8-8　圆曲线加缓和曲线在切线直角坐标系中的坐标

圆曲线上任一点 i 的坐标可由下式计算：

$$x_i = R\sin\varphi_i + m \left.\right\}$$
$$y_i = R(1 - \cos\varphi_i) + p \qquad (8\text{-}8)$$

式中：$\varphi_i = \dfrac{l_i - l_0}{R} \cdot \dfrac{180°}{\pi} + \beta_0$，$l_i$ 为圆曲线上点 i 至曲线起点 ZH(或 HZ)的曲线长。

第四节　道路纵横断面测量

中线测量将设计道路中线的平面位置标定在实地上之后，还需进行道路纵横断面测量，为施工设计提供详细资料。

一、道路纵断面测量

道路纵断面测量，就是测定中线各里程桩的地面高程，绘制道路纵断面图，供道路纵向坡度、桥涵位置、隧道洞口位置等的设计之用。

纵断面测量一般分两步进行：①高程控制测量，又称基平测量，即沿道路方向设置水准点并测量水准点的高程；②中桩高程测量，又称中平测量，即根据基平测量设立的水准点及其高程，分段进行测量，测定各里程桩的地面高程。

1.基平测量

基平测量水准点的布设应在初测水准点的基础上进行。先检核初测水准点，尽量采用初测成果，对于不能再使用的初测水准点或远离道路的点，应根据实际需要重新设置。在大桥、隧道口及其他大型构造物两端还应增设水准点。定测阶段基平测量水准点的布设要求和测量方法均与初测水准点高程测量中的相同。

2. 中平测量

中平测量是测定中线上各里程桩的地面高程,为绘制道路纵断面提供资料。道路中桩的地面高程,可采用水准测量的方法或光电测距三角高程测量的方法进行观测。无论采用何种方法,均应起闭于水准点,构成附合水准路线,路线闭合差的限差为 $50\sqrt{L}$ mm(L 为附合路线的长度,以 km 为单位)。

(1)水准测量方法

中平测量一般是以两相邻水准点为一测段,从一个水准点出发,逐个测定中桩的地面高程,直至附合于下一个水准点上。施测时,在每一个测站上首先读取后、前两转点的尺上读数,再读取两转点间所有中间点的尺上读数。转点尺应立在尺垫、稳固的桩顶或坚石上,尺读数至 mm,视线长不应大于 150m;中间点立尺应紧靠桩边的地面,读数可至 cm,视线也可适当放长。

如图 8-9 所示,将水准仪安置于①站,后视水准点 BM_1,前视转点 ZD_1,将读数记入表 8-3 中后视、前视栏内,然后观测 BM_1 与 ZD_1 间的中间点 K0+000、+050、+100、+123.6、+150,将读数记入中视栏;再将仪器搬至②站,后视转点 ZD_1、前视转点 ZD_2,然后观测各中间点 K0+191.3、+200、+243.6、+260、+280,将读数分别记入后视、前视和中视栏;按上述方法继续往前测,直至闭合于水准点 BM_2,完成一测段的观测工作。

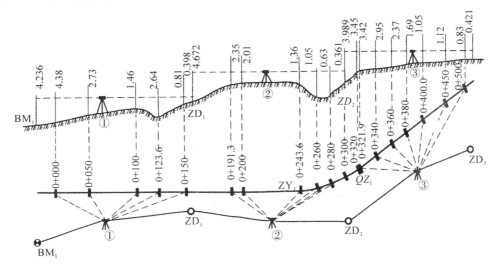

图 8-9　中平测量

每一测站的各项计算依次按下列公式进行:

$$视线高程＝后视点高程＋后视读数$$
$$转点高程＝视线高程－前视读数$$
$$中桩高程＝视线高程－中视读数$$

各站记录后,应立即计算出各点高程,每一测段记录后,应立即计算该段的高差闭合差。若高差闭合差超限,则应返工重测;若 f_h 在 $f_{h容}$($\pm 50\sqrt{L}$ mm)以内则施测精度符合要求,不需进行闭合差的调整,中桩高程仍采用原计算的各中桩点高程。一般中桩地面高程允许误差,对于铁路、高速公路、一级公路为±5cm,其他道路工程为±10cm。

表 8-3 道路纵断面水准(中平)测量记录

测站	测点	水准尺读数(m)			视线高程	高程	备注
		后视	中视	前视			
Ⅰ	BM₁	4.236			330.174	325.938	BM₁ 位于 K0 +000 桩右侧 50m 处
	K0+000		4.38			325.79	
	+050		2.73			327.44	
	+100		1.46			328.71	
	+123.6		2.64			327.53	
	+150		0.81			329.36	
Ⅱ	ZD₁	4.672		0.398	334.448	329.776	
	+191.3		2.35			332.10	
	+200		2.01			332.44	
	+243.6		1.36			333.09	ZY₁
	+260		1.05			333.40	
	+280		0.63			333.82	
Ⅲ	ZD₂(+300)	3.989		0.361	338.076	334.087	
	+320		3.45			334.63	
	+321.9		3.42			334.66	QZ₁
	+340		2.95			335.13	
	+360		2.37			335.71	
	+380		1.69			336.39	
	+400.0		1.05			337.03	YZ₁
	+450		1.12			336.96	
	+500		0.83			337.25	
	ZD₃			0.421		337.655	

(2)光电测距三角高程测量方法

在两个水准点之间,选择与该测段各中线桩通视的一导线点作为测站,安置好全站仪或测距仪,量仪器高并确定反射棱镜的高度,观测气象元素,预置仪器的测量改正数并将测站高程、仪器高及反射棱镜高输入仪器,以盘左位置瞄准反射镜中心,进行距离、角度的一次测量并记录观测数据,之后根据光电测距三角高程测量的单方向测量公式计算两点间高差,从而获得所观测中桩点的高程。

为保证观测质量,减少误差影响,中平测量的光电边长宜限制在1km以内。另外,中平测量亦可利用全站仪在放样中桩同时进行,它是在定出中桩后利用全站仪的高程测量功能随即测定中桩地面高程。

3.纵断面图的绘制

道路纵断面图以中桩的里程为横坐标、高程为纵坐标进行绘制。常用的里程比例尺有1∶5000、1∶2000、1∶1000几种,为了明显表示地面的起伏,一般取高程比例尺为里程比例尺的10~20倍。

通常纵断面图的绘制步骤如下:

1)打格制表。按照选定的里程比例尺和高程比例尺打格制表,根据里程按比例标注桩号,按中平测量成果填写相应里程桩的地面高程,用示意图表示道路平面。

在道路平面中,位于中央的直线表示道路的直线段,向上或向下凸出的折线表示道路的曲线,折线中间的水平线表示圆曲线,两端的斜线表示缓和曲线,上凸表示道路右转,下凸表示路线左转。

2)绘出地面线。首先选定纵坐标的起始高程,使绘出的地面线位于图上适当位置。为便于绘图和阅图,通常是以整米数的高程标注在高程标尺上。然后根据中桩的里程和高程,在图上依次点出各中桩的地面位置,再用直线将相邻点连接就得到地面线。

根据表8-3中数据所绘制的纵断面图,如图8-10所示。

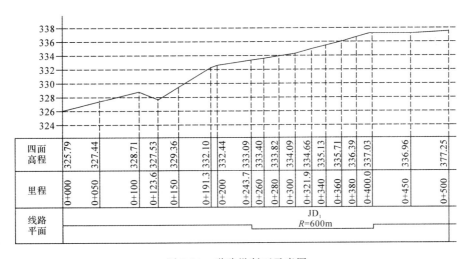

图 8-10　道路纵断面示意图

二、道路横断面测量

道路横断面测量,就是测定中线各里程桩两侧一定范围内地面起伏的形状并绘制横断面图,供路基等工程设计、计算土石方数量以及边坡放样之用。

横断面的方向,在直线段是中线的垂直方向,在曲线段是道路切线的垂线方向。

1.横断面测量的密度、宽度

横断面测量的密度应根据地形、地质及设计需要确定,一般除施测各中桩处横断面外,在大、中桥头、隧道洞口、高路堤、深路堑、挡土墙、站场等工程地段和地质不良地段,应适当加大横断面的测绘密度。

横断面测量的宽度,根据道路宽度、填挖高度、边坡大小、地形情况及有关工程的特殊要求而定,应满足路基及排水设计的需要。

2. 横断面测量的方法

横断面测量的实质,是测定横断面方向上一定范围内各地形特征点相对于中桩的平距和高差。根据使用仪器工具的不同,横断面测量可采用水准仪皮尺法、经纬仪视距法、全站仪法等。无论采用何种方法,检测限差应符合表 8-4 的规定。

表 8-4　横断面检测限差　　　　　　　　　　　　　　（单位:m）

道路等级	距　离	高　程
高速公路、一级公路	$\pm(L/100+0.1)$	$\pm(h/100+L/200+0.1)$
二级及以下公路	$\pm(L/50+0.1)$	$\pm(h/50+L/100+0.1)$

注:L 为测点至中桩的水平距离;h 为测点至中桩的高差。L、h 单位均为 m。

（1）水准仪皮尺法

此法适用于地势平坦且通视良好的地区。使用水准仪施测时,以中桩为后视,以横断面方向上各变坡点为前视,测得各变坡点与中桩间高差,水准尺读数至厘米（cm）,用皮尺分别量取各变坡点至中桩的水平距离,量至分米（dm）位即可。在地形条件许可时,安置一次仪器可测绘多个横断面。测量记录格式见表 8-5,表中按道路前进方向分左、右侧记录,分式的分子表示高差,分母表示水平距离。

表 8-5　横断面测量记录

左　侧	桩　号	右　侧
……	……	……
$\dfrac{2.35}{20.0}\dfrac{1.84}{12.7}\dfrac{0.81}{11.2}\dfrac{1.09}{9.1}\dfrac{1.35}{6.8}$	K0+340	$\dfrac{-0.46}{12.4}\dfrac{0.15}{20.0}$
$\dfrac{2.16}{20.0}\dfrac{1.78}{13.6}\dfrac{1.25}{8.2}$	K0+360	$\dfrac{-0.7}{7.2}\dfrac{-0.33}{11.8}\dfrac{0.12}{20.0}$

（2）经纬仪视距法

此法适用于地形起伏较大、不便于丈量距离的地段。将经纬仪安置在中桩上,用视距法测出横断面方向各变坡点至中桩的水平距离和高差。

（3）全站仪法

此法适用于任何地形条件。将仪器安置在道路附近任意点上,利用全站仪的对边测量功能可测得横断面上各点相对于中桩的水平距离和高差。

3. 横断面图的绘制

横断面图的水平比例尺和高程比例尺相同,一般采用 1∶200 或 1∶100。绘图时,先将中桩位置标出,然后分左、右两侧,依比例按照相应的水平距离和高差,逐一将变坡点标在图上，再用直线连接相邻各点，即得横断面地面线。根据表 8-3 中数据所绘制的横断面图，如图 8-11 所示。

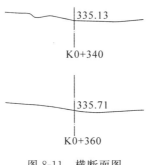

图 8-11 横断面图

第五节 道路施工测量

道路施工测量的主要任务，是按设计要求和施工进度，及时测设作为施工依据的各种桩点。其主要内容包括：道路施工复测、路基放样、路面放样。

一、道路施工复测

由于定测以后往往要经过一段时间才进行施工，定测时所钉设的某些桩点难免丢失或被移动，因此在道路施工开始之前，必须检查、恢复全线的控制桩和中线桩，进行复测。施工复测的工作内容、方法、精度要求与定测的基本相同。

施工复测的主要目的是检验原有桩点的准确性，而不是重新测设。经过复测，凡是与原来的成果或点位有差异，但在允许的范围内时，一律以原有的成果为准，不作改动。当复测与定测成果的不符值超出容许范围时，应多方寻找原因，如确属定测资料错误或桩点发生移动，则应改动定测成果，且尽可能将改动限制在局部的范围内。

施工复测后，中线控制桩必须保持在正确位置，以便在施工中经常据以恢复中线。因此，复测过程中还应对道路各主要桩撅（如交点、直线转点、曲线控制点等）在土石方工程范围之外设置护桩。护桩一般设置两组，连接护桩的直线宜正交，正交困难时交角不宜小于 $60''$，每组护桩不得少于 3 个。根据中线控制桩周围的地形条件等，护桩按图 8-12 所示的形式进行布设。对于地势平坦、填挖高度不大、直线段较长的地段，可在中线两侧一定距离处，测设两排平行于中线的施工控制桩，如图 8-13 所示。

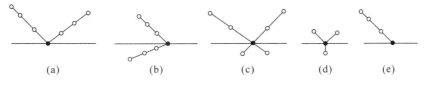

图 8-12 护桩设置示意图

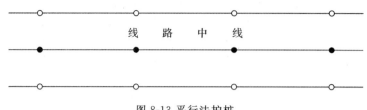

图 8-13 平行法护桩

二、路基放样

1.路基边桩的测设

路基边桩测设就是在地面上将每一个横断面的路基边坡线与地面的交点用木桩标定出来。边桩的位置由两侧边桩至中桩的距离来确定。边桩测设的方法很多,常用的有图解法和解析法。

(1)图解法

在地势比较平坦的地段,如果横断面测绘精度较高,可以在路基横断面设计图上直接量取中桩到边桩的水平距离,然后到实地在横断面方向用皮尺量距进行边桩放样。

(2)解析法

填方路基称为路堤,挖方路基称为路堑,如图 8-14(a)、(b)所示。

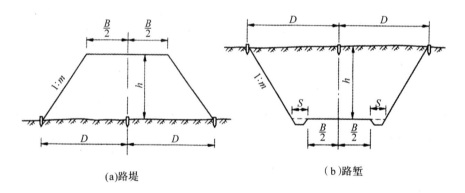

(a)路堤　　　　　　　　(b)路堑

图 8-14　路堤、路堑

路堤边桩至中桩的距离为：$\qquad D=B/2+mh$ $\qquad$ (8-9)

路堑边桩至中桩的距离为：$\qquad D=B/2+S+mh$ $\qquad$ (8-10)

式中：B——路基设计宽度；

$\qquad S$——路堑边沟顶宽；

$\qquad 1：m$——路基边坡坡度；

$\qquad h$——填土高度或挖土深度。

以上是横断面位于直线段时求算 D 值的方法。若横断面位于曲线上有加宽时,在按上面公式求出 D 值后,在曲线内侧的 D 值中还应加上加宽值。

在倾斜地段,边桩至中桩的距离随着地面坡度的变化而变化。

如图 8-15 所示，路堤边桩至中桩的距离为：

$$斜坡上侧 \quad D_上 = B/2 + m(h_中 - h_上) \left. \atop \right\}$$
$$斜坡下侧 \quad D_下 = B/2 + m(h_中 + h_下)$$
$$(8-11)$$

如图 8-16 所示，路堑边桩至中桩的距离为：

$$斜坡上侧 \quad D_上 = B/2 + S + m(h_中 + h_上) \left. \atop \right\}$$
$$斜坡下侧 \quad D_下 = B/2 + S + m(h_中 - h_下)$$
$$(8-12)$$

式中：B、S、m、$h_中$（中桩处的填挖高度）为已知；$h_上$、$h_下$ 为斜坡上、下侧边桩与中桩的高差，在边桩未定出之前为未知数。由于 $h_上$、$h_下$ 未知，不能计算出边桩至中桩的距离值，因此在实际工作中采用逐点趋近法测设边桩。

逐点趋近法测设边桩位置的步骤是：先根据地面实际情况并参考路基横断面图，估计边桩的位置 D'，然后测出该估计位置与中桩的高差 h，按此高差 h 可以计算出与其相对应的边桩位置 D。若计算值 D 与估计值 D' 相符，即得边桩位置。若 $D > D'$，说明估计位置需要向外移动，再次进行试测，直至 $\Delta D = |D - D'| < 0.1m$ 时，可认为该估计位置即为边桩的位置。逐点趋近法测设边桩，需要在现场边测边算，有经验后试测一两次即可确定边桩位置。

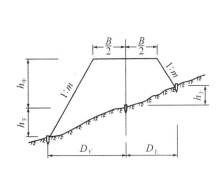 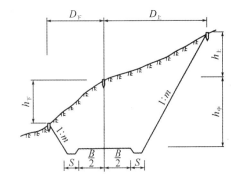

图 8-15　斜坡地段路堤边桩测设　　　图 8-16　斜坡地段路堑边桩测设

逐点趋近法测设边桩，若使用全站仪，利用其对边测量功能，可同时获得估计位置与中桩的高差和水平距离，较之使用尺子量距、水准仪测高差的测设速度快，并且可以任意设站，一测站测设多个边桩，工作效率较高。

2.路基边坡的测设

边桩测设后，为保证路基边坡施工按设计坡率进行，还应将设计边坡在实地上标定出来。

（1）挂线法

如图 8-17(a)所示，O 为中桩，A、B 为边桩，CD 为路基宽度。测设时，在 C、D 两点竖立标杆，在其上等于中桩填土高度处作 C'、D' 标记，用绳索连接 A、C'、D'、B，即得出设计边坡线。当挂线标杆高度不够时，可采用分层挂线法施工，见图 8-17(b)。此法适用于放样路堤边坡。

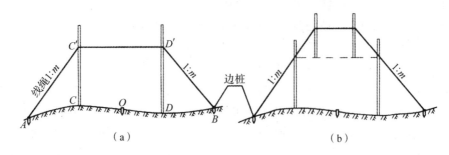

图 8-17　挂线法测设边桩

（2）边坡样板法

边坡样板按设计坡率制作，可分为活动式和固定式两种。固定式样板常用于路堑边坡的放样，设置在路基边桩外侧的地面上，如图 8-18（a）所示。活动式样板也称活动边坡尺，它既可用于路堤、又可用于路堑的边坡放样，图 8-18（b）表示利用活动边坡尺放样路堤的情形。

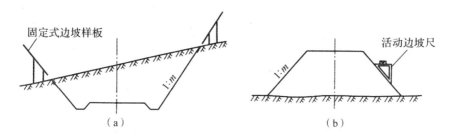

图 8-18　边坡样板法测设边坡

（3）插杆法

机械化施工时，宜在边桩外插上标杆以表明坡脚位置，每填筑 2～3m 后，用平地机或人工修整边坡，使其达到设计坡度。

3.路基高程的测设

根据道路附近的水准点，在已恢复的中线桩上，用水准测量的方法求出中桩的高程，在中桩和路肩边上竖立标杆，杆上画出标记并注明填挖尺寸，在填挖接近路基设计高时，再用水准仪精确标出最后应达到的标高。

机械化施工时，可利用激光扫平仪来指示填挖高度。

4.路基竣工测量

路基土石方工程完成后应进行竣工测量。竣工测量的主要任务是最后确定道路中线的位置，同时检查路基施工是否符合设计要求，其主要内容有：中线测设、高程测量和横断面测量。

（1）中线测设

首先根据护桩恢复中线控制桩并进行固桩，然后进行中线贯通测量。在有桥涵、隧道的地段，应从桥隧的中线向两端贯通。贯通测量后的中线位置，应符合路基宽度和建筑限界的要求。中线里程应全线贯通,消除断链。直线段每 50m、曲线段每 20m 测设一桩,还要在平交道中心、变坡点、桥涵中心等处以及铁路的道岔中心测设加桩。

（2）高程测量

全线水准点高程应该贯通,消灭断高。中桩高程测量按复测方法进行。

（3）横断面测量

主要检查路基宽度、边坡、侧沟、路基加固和防护工程等是否符合设计要求。横向尺寸的误差均不应超过 5cm。

三、路面放样

公路路基施工之后,要进行路面的施工。公路路面放样是为开挖路槽和铺筑路面提供测量保障。

在道路中线上每隔 10m 设立高程桩,由高程桩起沿横断面方向各量出路槽宽度一半的长度 $b/2$,钉出路槽边桩,在每个高程桩和路槽边桩上测设出铺筑路面的标高,在路槽边桩和高程桩旁钉桩（路槽底桩）,用水准仪抄平,使路槽底桩桩顶高程等于槽底的设计标高,如图 8-19 所示。

为了顺利排水,路面一般筑成中间高两侧低的拱形,称为路拱。路拱通常采用抛物线型,如图 8-20 所示。将坐标系的原点 O 选在路拱中心,横断面方向上过 O 点的水平线为 x 轴、铅垂线为 y 轴,由图可见,当 $x = b/2$ 时,$y = f$,代入抛物线的一般方程式 $x^2 = 2py$ 中,可解出 y 值为：

$$y = \frac{4f}{b^2} \cdot x^2 \tag{8-13}$$

式中：b——铺装路面的宽度；

　　　f——路拱的高度；

　　　x——横距,代表路面上点与中桩的距离；

　　　y——纵距,代表路面上点与中桩的高差。

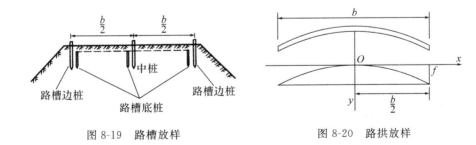

图 8-19　路槽放样　　　　　　　　图 8-20　路拱放样

在路面施工时,量得路面上点与中桩的距离,按上式求出其高差,据以控制路面施工的高程。公路路面的放样,一般预先制成路拱样板,在放样过程中随时检查。铺筑路面高程放样的容许误差,碎石路面为 ±1cm,混凝土和沥青路面为 ±3mm,操作时应认真细致。

四、竖曲线的测设

在路线纵坡变更处，为了行车的平稳和视距的要求，在竖直面内应以曲线衔接，这种曲线称为竖曲线。竖曲线有凸形和凹形两种，如图 8-21 所示。

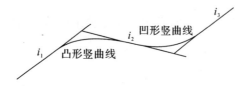

图 8-21　竖曲线

竖曲线一般采用圆曲线，这是因为在一般情况下，相邻坡度差都很小，而选用的竖曲线半径都很大，因此即使采用二次抛物线等其他曲线，所得到的结果也与圆曲线相同。

如图 8-22 所示，两相邻纵坡的坡度分别为 i_1、i_2，竖曲线半径为 R，则曲线长

$$L = \alpha R$$

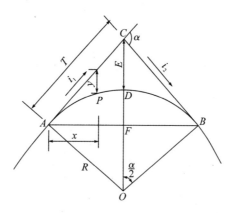

图 8-22　竖曲线测设元素

由于竖曲线的转角 α 很小，故可认为

$$\alpha = i_1 - i_2$$

于是　　　　　　　　　　$$L = R(i_1 - i_2) \tag{8-14}$$

$$T = R\tan\frac{\alpha}{2}$$

因 α 很小，$\tan\dfrac{\alpha}{2} \approx \dfrac{\alpha}{2}$

则切线长

$$T = R\frac{\alpha}{2} = \frac{L}{2} = \frac{1}{2}R(i_1 - i_2) \tag{8-15}$$

又因为 α 很小，可以认为 $DF \approx E$，$AF \approx T$，根据 $\triangle ACO$ 与 $\triangle ACF$ 相似，可以得出

$$R : T = T : 2E$$

外距 $$E = \frac{T^2}{2R} \qquad (8\text{-}16)$$

同理可导出竖曲线上任一点 P 距切线的纵距(亦称高程改正值)的计算公式为:

$$y = \frac{x^2}{2R} \qquad (8\text{-}17)$$

式中:x——竖曲线上任一点 P 至竖曲线起点或终点的水平距离;

y 值在凹形竖曲线中为正号;在凸形竖曲线中为负号。

第六节 桥梁施工测量

桥梁按其轴线长度一般分为特大型桥($>500\text{m}$)、大型桥($100\sim500\text{m}$)、中型桥($30\sim100\text{m}$)和小型桥($<30\text{m}$)4 类,按平面形状可分为直线桥和曲线桥,按结构形式又可分为简支梁桥、连续梁桥、拱桥、斜拉桥、悬索桥等。随着桥梁的长度、类型、施工方法以及地形复杂情况等因素的不同,桥梁施工测量的内容和方法也有所不同,概括起来主要有:桥梁施工控制测量、墩台定位及轴线测设、墩台细部放样等。

一、桥位控制测量

桥位控制测量,即为了要保证桥梁轴线(即桥梁的中心线)、墩台位置在平面和高程位置上符合设计要求而建立的平面控制和高程控制。

1. 平面控制形式

桥位平面控制一般是采用三角网中测边网或边角网的平面控制形式,如图 8-23 所示,AB 为桥梁轴线,双实线为控制网基线。(a)图为双三角形;(b)图为大地四边形;(c)图为双四边形。各网根据测边、测角,按边角网或测边网进行平差计算,最后求出各控制网点的坐标,作为桥梁轴线及桥台、桥墩施工测量的依据。

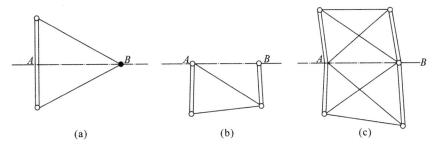

(a)   (b)   (c)

图 8-23 桥位平面控制网

2. 高程控制

桥位高程控制一般是在道路勘测中的基平测量时已经建立。桥梁施工前,一般还应根据现场工作情况增加施工水准点。在桥位施工场地附近的所有水准点应组成一个水准网,以便定期检测,及时发现问题。高程控制应采用国家高程基准。

跨河水准测量必须按照《国家水准测量规范》,采用精密水准测量方法进行观测。如图

8-24 所示,在河的两岸各设测站点及观测点一个,两岸对应观测距离尽量相等。测站应选在视野开阔处,两岸仪器的水平视线距水面的高度应相等,且视线距水面高度不应小于2m。

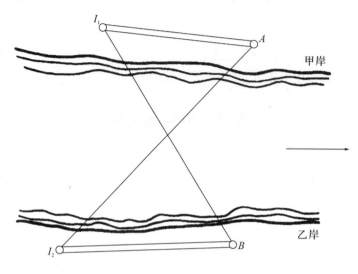

图 8-24　跨河水准测量

水准观测:在甲岸,仪器安置在 I_1,观测 A 点,读数为 a_1,观测对岸 B 点,读数为 b_1,则高差 $h_1 = a_1 - b_1$。搬仪器至乙岸,注意搬站时望远镜对光不变,两水准尺对调。仪器安置在 I_2,先观测对岸 A 点,读数为 a_2,再观测 B 点读数为 b_2,则 $h_2 = a_2 - b_2$。

四等跨河水准测量规定,两次高差不符值应在±16mm 以内。若在此限量以内,则取两次高差平均值为最后结果,否则应重新观测。

二、桥梁墩台中心的测设

桥梁墩台中心的测设即桥梁墩台定位,是建造桥梁最重要的一项测量工作。测设前,应仔细审阅和校核设计图纸与相关资料,拟订测设方案,计算测设数据。

直线桥梁的墩台中心均位于桥梁轴线上,而曲线桥梁的墩台中心则处于曲线的外侧。直线桥梁如图 8-25 所示,墩台中心的测设可根据现场地形条件,采用直接测距法或交会法。在陆地、干沟或浅水河道上,可用钢尺或光电测距方法沿轴线方向量距,逐个定位墩台。如

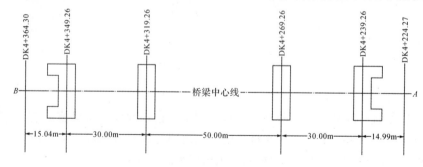

图 8-25　直线桥梁

使用全站仪,应事先将各墩台中心的坐标列出,测站可设在施工控制网的任意控制点上(以方便测设为准)。

当桥墩位置处水位较深时,一般采用角度交会法测设其中心位置。如图 8-26 所示,1、2、3 号桥墩中心可以通过在基线 AB、BC 端点上测设角度,交会出来。如对岸或河心有陆地可以标志点位,也可以将方向标定,以便随时检查。

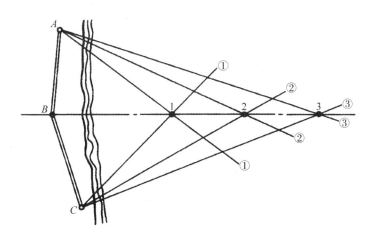

图 8-26 角度交会法测设桥墩

直线桥梁的测设比较简单,因为桥梁中线(轴线)与道路中线吻合。但在曲线桥梁上梁是直的,道路中线则是曲线,两者不吻合。如图 8-27 所示,道路中心线为细实线(曲线),桥梁中心线为点画线、折线。墩台中心位于折线的交点上,该点距道路中心线的距离 E 称为桥墩的偏距,折线的长度 L 称为墩中心距。这些都是在桥梁设计时确定的。

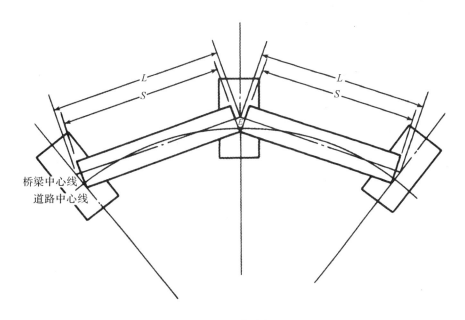

图 8-27 曲线桥梁

明确了曲线桥梁的构造特点后,桥墩台中心的测设也和直线桥梁墩台的测设一样,可以采用直角坐标法、偏角法和全站仪坐标法等。

桥梁墩台中心定位以后,还应将墩台的轴线测设于实地,以保证墩台的施工。墩台轴线测设包括墩台纵轴线,是指过墩台中心平行于道路方向的轴线;而墩台的横轴线,是指过墩台中心垂直于道路方向的轴线。如图 8-28 所示,直线桥墩的纵轴线,即道路中心线方向,与桥轴线重合,无需另行测设和标志。墩台横轴线与纵轴线垂直。图 8-29 为曲线桥梁,墩台的纵轴线为墩台中心处与曲线的切线方向平行,墩台的横轴线,是指过墩台中心与其纵轴线垂直的轴线。

在施工过程中,桥梁墩台纵、横轴线需要经常恢复,以满足施工要求。为此,纵横轴线必须设置保护桩,如图 8-29 所示。保护桩的设置要因地制宜,方便观测。

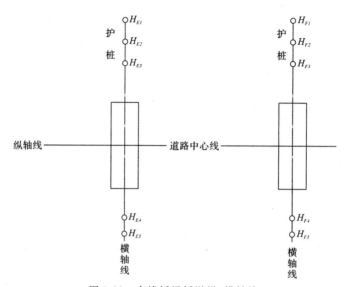

图 8-28　直线桥梁桥墩纵、横轴线

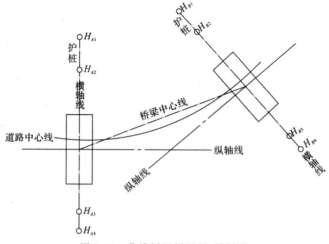

图 8-29　曲线桥梁桥墩纵、横轴线

墩台施工前,首先要根据墩台纵、横轴线,将墩台基础平面测设于实地,并根据基础深度开挖。墩台台身在施工过程中需要根据纵、横轴线控制其位置和尺寸。当墩台台身砌筑完毕时,还需要根据纵、横轴线,安装墩台台帽模板、锚栓孔等,以确保墩台台帽中心、锚栓孔位置符合设计要求,并在模板上标出墩台台帽的顶面标高,以便灌注。

墩台施工过程中,各部分高程是通过布设在附近的施工水准点,将高程传递到施工场地周围的临时水准点上,然后再根据临时水准点,用钢尺向上或向下测量所得,以保证墩台高程符合设计要求。

复习思考题

1.道路中线测量包括哪些内容? 各如何进行?

2.简述用全站仪测设圆曲线的方法与步骤。

3.直线、圆曲线、缓和曲线横断面方向如何确定?

4.路线纵断面测量的任务是什么?

5.道路水准测量有什么特点? 为什么观测转点要比观测中间点的精度要高?

6.已知一圆曲线半径 $R=500$m,转向角 $\alpha=10°20'$,ZY 点的里程为 K301+800.40,计算各主点要素和主点里程。

7.道路复测的主要目的是什么?

8.曲线桥墩、台中心位置怎样测设?

参考文献

[1] 过静珺,饶云刚.土木工程测量[M].武汉:武汉理工大学出版社,2011.

[2] 史兆琼.土木工程测量[M].北京:中国电力出版社,2006.

[3] 陈久强,刘文生.土木工程测量[M].北京:北京科技大学出版社,2006.

[4] 陈丽华.土木工程测量[M].浙江:浙江大学出版社,2006.

[5] 张晓东.地形测量[M].黑龙江:哈尔滨工程大学出版社,2009.